当代中国科普精品书系

★入选2012年新闻出
★获第二届中国科普

U0665605

奇妙的大自然丛书

# 奇妙的冰川峡谷

何永年 著

科学普及出版社

·北京·

# 《当代中国科普精品书系》序

　　以胡锦涛同志为总书记的党中央提出科学发展观、以人为本、建设和谐社会的治国方略，是对建设中国特色社会主义国家理论的又一创新和发展。实践这一大政方针是长期而艰巨的历史重任，其根本举措是普及教育、普及科学、提高全民的科学文化素质，这是强国富民的百年大计、千年伟业。

　　为深入贯彻科学发展观和《中华人民共和国科学技术普及法》、提高全民的科学文化素质，中国科普作家协会以繁荣科普创作为己任，发扬茅以升、高士其、董纯才、温济泽、叶至善等老一辈科普大师的优良传统和创作精神，团结全国科普作家和科普工作者，充分发挥人才与智力资源优势，采取科普作家与科学家相结合创作科普精品的途径，努力为全民创作出更多、更好、高水平、无污染的精神食粮。在中国科协领导的支持下，众多科普作家和科学家经过一年多的精心策划，确定编创《当代中国科普精品书系》。

　　该书系坚持原创，推陈出新，力求反映当代科学发展的最新气息，传播科学知识，提高科学素养，弘扬科学精神和倡导科学道德，具有明显的时代感和人文色彩。书系由13套丛书构成，共120余种，达2000余万字。内容涵盖自然科学的方方面面，既包括《航天》、《军事科技》、《迈向现代农业》等有关航天、航空、军事、农业等方面的高科技丛书；也有《应对自然灾害》、《紧急救援》、《再难见到的动物》等涉及自然灾害及应急办法、生态平衡及保护措施的丛书；还有《奇妙的大自然》、《山石水土文化》等有关培养读者热爱大自然的系列读本；《读古诗学科学》让你从诗情画意中感受科学的内涵和中华民族文化的博大精深；《科学乐翻天——十万个为什么（创新版）》则以轻松、幽默、赋予情趣的方式，讲述和传播科学知识，倡导科学思维、创新思维，提高少年儿童的综合素质和科学文化素养，引导少年儿童热爱科学，以科学的眼光观察世界；《孩子们脑中的问号》、《科普童话绘本馆》和《科学幻想之窗》，展示了天真活泼的少年一代对科学的渴望和对周围世界的异想天开，是启蒙科学的生动画卷；《老年人十万个怎么办》丛书以科学的思想、方法、精神、知识答疑解难，祝福老年人老有所乐、老有所为、老有所学、老有所养。

科学是奇妙的，科学是美好的，万物皆有道，科学最重要。一个人对社会的贡献的大小，很大程度上取决于其对科学技术掌握及运用的程度；一个国家，一个民族的先进与落后，很大程度上取决于其科学技术的发展程度。科学技术是第一生产力，这是颠扑不破的真理。哪里的科学技术被人们掌握得越广泛越深入，哪里的经济、社会就发展得越快，文明程度就越高。普及和提高，学习与创新，是相辅相成的，没有广袤肥沃的土壤，没有优良的品种，哪有禾苗茁壮成长？哪能培育出参天大树？科学普及是建设创新型国家的基础，是培育创新型人才的摇篮。我希望，我们的《当代中国科普精品书系》就像一片沃土，为滋养勤劳智慧的中华民族、培育聪明奋进的青年一代提供丰富的营养。

刘嘉麒

2011年9月

# 写给读者朋友的话

　　我们的祖先喜欢把到大自然去旅游归结为"游山玩水"。这种归纳是很科学的，因为大自然的风光景观几乎都与"山水"有关。但是，"山水"风光包罗万象，种类极多；这里给读者朋友讲述的峡谷、洞穴和冰川，其基本元素就是山和水，它们是"山水"中重要而富有特色的景观。峡谷、洞穴和冰川不仅有各自特定的形成发展历史，更以自己特有的形态魅力，吸引着广大的游人和科学工作者。有人说："峡谷、洞穴和冰川是大自然山水风光中最为靓丽的组成部分。" 我完全赞成这个观点，但愿读者朋友也有同样的认识。

　　峡谷、洞穴和冰川的风貌、景观特色全然不同，可是它们都是大自然的神奇之手——地质运动精雕细刻出来的杰作。

　　峡谷、洞穴和冰川形态迥异，风光各别，以不同风格和风味的审美特点展现给世人；它们或秀丽、或奇特、或雄浑、或险峻、或深邃，表现了大自然无与伦比的特殊魅力。美丽的山光水色，可以开阔人的胸襟眼界、陶冶人的修养情操、培植人的审美情趣；同时，在优美的风光背后，蕴含着丰富的科学知识，等待着人们去探索、发现和求解。基于这样的认识，我认为，作为孩子们的家长或学校的老师，应当经常有意识地带领孩子走向自然、亲近自然；作为读者朋友自己，也应当迈开双腿，尽量争取机会登山临水，接触自然。这样做，既有益于身心的健康，也有助于少年朋友们更好地成长。

　　我们的先祖说："仁者爱山，智者乐水。"就是提倡人们要爱山水、热爱大自然。如果本书能够加深读者朋友对大自然的爱，对国家的爱，能够使更多的人关爱我们的地球家园，那就是笔者最大的心愿了。

何永年

2011年9月

# 目 录

# 奇妙的 冰川峡谷

## 第三部分　冰川赏奇

# 第一部分

# 峡谷览胜

当你们跟随父母或老师登山游玩的时候，山岭之间的溪流、瀑布、奇峰、异石一定会引起你们浓厚的兴趣，带给你们无穷的快乐；特别是当你们在山间谷地里撒欢奔跑时，还一定会注意到谷中树木葱茏，两壁岩崖陡峭，谷底水流湍急，景色幽深秀丽，它们给你们留下了极其深刻的印象。这就是我们平常所说的峡谷。下面让我们一道去访问峡谷的王国吧！

地球上众多的自然风光中，峡谷是一种天生丽质的景观。在千姿百态的风景名胜中，峡谷占据着重要的地位；而在地质学家的眼里，峡谷是一种具有极高审美价值的地貌类型。我国已经确定的六大类型国家地质公园中，第一类就是峡谷地貌类型。

## 峡谷离不开江河

从"峡谷"二字的字面上来理解，"峡"就是"夹在山间"，"谷"是山间的低洼之处。"峡谷"就是指两山之间的低洼之处，两山低洼处往往是水流；无论国内还是国外，提到峡谷都离不开江河。因此，我们习惯上所说的"峡谷"总体上是"两山夹一水"的格局。如果两山之间的低洼处没有江河（或者没有规模较大的江河），一般就称之为山谷、溪谷，而不是峡谷。

山水相连成峡谷

　　根据地质学分类，通常将"峡谷"归入江河景观而不是山岳景观。世界上许多著名的峡谷也都是以江河的名称来命名的，例如，我国的雅鲁藏布江大峡谷、美国的科罗拉多大峡谷、秘鲁的科尔卡大峡谷等等，可见峡谷与江河的关系是何等的密切。

# V型谷和嶂谷

　　"峡谷"是一个总称，与它的规模关系不大，但在形态上有自己明显的特点：谷坡陡峻、谷的深度大于谷的宽度。根据峡谷横断面的形态，人们将峡谷大致分成三大类：如果横断面像个英语字母V，上宽下窄，两坡呈高角度倾斜，形态峻峭，气势壮观，这类峡谷称为"V形谷"，是峡谷中最常见的；如果两坡特别陡峻，几乎接近直立，谷的深度又远远大于宽度，形态幽深险峻，谷中水流湍急，这类峡谷有个专门的名称叫"嶂谷"；要是两壁特别陡，峡谷又非常窄，有时就称作"一线天"；如果两坡平缓，宽度大于深度，空间开阔旷远、水流平稳缓慢，这类峡谷称为"宽谷"。当江河流到地形比较平坦的地区时，往往形成这类宽谷，不过，在一般人的心目中，这种"宽谷"已经没有"峡谷"的意味了。

　　V型谷和嶂谷一般发育于河流的上游地段，由于落差大、河道窄，急流汹涌，气势雄伟，十分壮观。这种在重峦叠嶂之间形成的峡谷既是重要的旅游资源，又因为蕴涵着丰富的水力资源，受到人们的广泛关注。世界上许多峡谷都已开发成著名的旅游区和水力发电枢纽，如我国著名的长江三峡。

## 我们的祖先对峡谷的描述

我们的祖先很早就认识到峡谷的特点。最著名的恐怕要数北魏地理学家郦道元(约470—527)在他编撰的《水经注》中对长江三峡的描绘了。特别是："自三峡七百里中，两岸连山，略无阙处；重岩叠嶂，隐天蔽日：自非亭午夜分，不见曦月。至于夏水襄陵，沿溯阻绝，或王命急宣，有时朝发白帝，暮到江陵，其间千二百里，虽乘奔御风，不以疾也。春冬之时，则素湍绿潭，回清倒影。绝巘多生怪柏 ，悬泉瀑布，飞漱其间。清荣峻茂，良多趣味。每至晴初霜旦，林寒涧肃，常有高猿长啸，属引凄异，空谷传响，哀转久绝。故渔者歌曰：'巴东三峡巫峡长，猿鸣三声泪沾裳！'"这一段脍炙人口、绘声绘色的文字，千百年来已经成了描写峡谷景色的经典。我国唐代大诗人李白家喻户晓的名诗："朝辞白帝彩云间，千里江陵一日还。两岸猿声啼不住，轻舟已过万重山。"则极为生动地勾画出船过三峡时"山势陡峭、水流湍急、猿啼不断、轻舟如飞"梦幻般的绝妙感受。

峡谷是大自然恩赐给我们深具魅力的美丽景观，峡谷正等待我们去观赏，等待我们去研究和开发利用。

# 天生丽质的峡谷何处来

地球表面的地貌形态花样繁多，峡谷是其中一种重要的地貌类型。说到峡谷的来由，我们不得不涉及地壳运动和水流对岩石地层的侵蚀和切割作用。

○怒江峡谷

## 地壳运动与峡谷的形成

大家知道，地球的表层除了海洋以外，大陆部分主要由水体、土壤和岩石层构成。由于地壳运动（或者称构造运动），地球表面的不同部位在不断地变动，有些地方抬升，有的地方沉降，当然这种过程是非常缓慢的。在大部分地区，人们根本观察不到这种变化。在某些构造运动活跃的地区，如喜马拉雅地区，那里的地壳在缓慢上升，人们借助精密的仪器，可以测量出这种上升的速率，大致是每年2～3毫米。不过在漫长的地质年代里（以百万年作为时间单位），由于时间跨度很长，这种缓慢地变化积累起来，它的数量也就相当大了。我们祖先说的"沧海桑田"，就是地壳上升或下降的变化过程。

## 水流与峡谷

地球表面的水流（溪流江河等）对地表的土层有强烈的冲刷作用，对岩层有强烈的剥蚀作用。"滴水穿石"就是生动的说明。涓涓细流在山岭间淙淙流动时，也许对山岩的冲刷侵蚀力量还不大，可是当它逐渐汇成河流，从

○瞿塘峡

陡峻的山脊奔腾而下，就开始了对河床的深切和对两岸的冲刷，地质学上分别叫做"下蚀和侧蚀作用"。日久天长，水流在地表"开凿"出了一道槽沟，槽沟越来越深，越来越宽，河流也越来越大。当河流穿越山岭，水流冲走土壤，切割岩层，在山岭中间奔腾而过，造成山间的"洼槽"，峡谷的雏形就出现了。

特别是在那些地壳逐渐往上抬升的地区，地面不断上隆，等于帮助河流向下切割，加剧了"下蚀"作用，加速了峡谷的形成。这里有一点需要说明，在河流的上游地段，河流穿行于崇山峻岭间时，水流遇到的一般是坚硬的岩层，这时主要是"下蚀作用"为主，河流越切割越深，两岸愈加陡峻，很容易形成峡谷。然而在河流的下游地段，河水奔流于平坦的地区，水流以"侧蚀作用"为主，将两岸的土壤泥沙冲走，造成河床越来越宽，不易形成陡峻的峡谷。因此，在平原地区，河谷一般很宽，两岸往往是平坦的河漫滩。不过，河流下游

的景观也很美，唐代大诗人杜甫的诗句"星垂平野阔，月涌大江流"描写的就是大江大河下游的壮丽景色。

　　总的说，流水切割和地壳上升是峡谷形成的主要因素，不过，能不能生成美丽的峡谷是一个特定的过程。一是这个过程非常漫长，时间尺度是几百万年，几千万年，甚至是上亿年；二是峡谷形成是一个复杂的过程，水流经过地方的地形不同，遇到的岩石成分差异、软硬不同，地壳升降运动的速度不同等，都会影响到峡谷的形成和峡谷的形态。当然，世界上有些著名峡谷的诞生，还与人类活动有关，例如我国的长江三峡，除了长江水流的作用形成了壮观的峡谷外，三峡两岸许多人文景观无疑也为三峡平添了无穷魅力。

## "地缝" 与峡谷

　　报章杂志介绍得十分热闹的"地缝"，如重庆奉节的地缝，本质上就是岩溶作用产生的峡谷。不过，"地缝"主要是通过流水的溶蚀，而不是冲刷形成的。还有个别的峡谷，既不因流水冲蚀，也不是溶蚀形成，而是由于其他的原因造成的。例如，山东枣庄熊耳山国家地质公园内有一处裂山山谷，它是1668年山东郯城8级大地震时，将山坡震裂形成一道峡谷，300多年岁月过去，现在已成为一处相当著名的景点了。

○天生丽质的峡谷

○新西兰峡谷

# 峡·谷·的·特·色

雄壮、峻险、幽深、秀丽的峡谷风光历来为世人所钟爱，也许描写大自然美景的词汇都可以用来描绘峡谷，峡谷是风景名胜中的佼佼者。

## 高山峡谷气势磅礴

高海拔地区的峡谷一般具有气势磅礴、雄奇壮丽的特点。苍莽的喜马拉雅山脉中，雅鲁藏布江蜿蜒东去，到了林芝地区，突然发生转折，在南迦巴瓦峰下，形成了世界第一大峡谷——雅鲁藏布江大峡谷。大峡谷不仅规模巨大，举世无匹，而且景色独特，出现多处自然奇观。大峡谷的山崖上发育了多处大瀑布群，其中一些主体瀑布落差达30～35米，这在世界上也是罕见的。这里茂密的原始森林，生态环境良好，繁育了多种稀有的动植物品种。雅鲁藏布江大峡谷具有极好的旅游观赏价值和极高的科学意义。美国科罗拉多大峡谷和秘鲁的科尔卡大峡谷具有相类似的特点，也都是雄伟壮观、风光旖旎的风景名胜。

## 长江三峡魅力迷人

在中等海拔山区形成的许多峡谷，同样拥有迷人的魅力。我国的长江三峡就是一个极好的例子。这里峡谷幽深曲折，江流奔腾湍急，峡区礁滩接踵，两岸奇峰插云，是驰名国内外的游览胜地。三峡的山和水，还充满了神话色彩。通过神话传说和文学作品的流传，三峡神女峰已成为我国古代著名女神"洛神"的化身。毛泽东《水调歌头》词中的名句："更

○巫峡

○西陵峡

立西江石壁，截断巫山云雨，高峡出平湖。神女应无恙，当惊世界殊。"就是巧妙地运用了三峡的神话故事，艺术地展示了三峡的壮丽前景。

## 云台山峡谷风光决胜

我国还有数不尽的美丽的峡谷。我国除长江、黄河、珠江等大江大河外，其他的江河上同样有许多峡谷，都是人们游览观赏、休闲度假的好去处。例如，不久前获得"世界地质公园"称号的"峡谷新秀"——河南焦作的云台山就是一处风光决胜的峡谷景观。云台山景区面积190平方千米，以独特的峡谷景观为主，辅以自然生态和人文胜迹，展现出迷人的魅力。这里，峰峡相依，崖台环抱，飞瀑流泉和碧潭清溪动静相兼，相映成趣，既有雄伟险峻的气势，又有饶妩媚蕴藉的韵致，真是一处难得的旅游佳处。

# 峡谷是

## "知识宝库"

### 科罗拉多大峡谷像一本书

峡谷不仅风光美丽，是人们喜爱的旅游胜地，而且峡谷常常是探究自然奥秘、进行科学研究的极佳地点。

由于河流下切，使得峡谷两侧的地层岩石暴露出来。例如，美国科罗拉多大峡谷，因科罗拉多河的切割和地壳的抬升，使得峡谷两岸自底部寒武纪（大约6亿年前的地质年代）到第三纪（大约165万年以前的地质年代）的岩石地层清楚地露出。由于那里的地层几乎都是水平状的，就像书页那样，一页一页叠在那里，所以，大峡谷又有"书状崖"的美称。这种"书状崖"相当于在自然界里建立了一个从古老到新近的"地层剖面"，让人们一目了然地看到一层层被河水切割而暴露的岩石。由于岩层形成的时代不同、沉积环境不同，它们的矿物成分、所含的生物化石等也不同，换句话说，不同层位的岩石为科学家解析该地区地质发展历史提供了丰富的信息。因此，人们把科罗拉多大峡谷称为"地质学的百科全书"。每年春夏季节，美国的地质学家纷纷赶到这里进行野外考察，美国及其他国家的地质专业的大学生也都到那里进行野外实习。

# 雅鲁藏布江大峡谷寒热同天

　　我国西藏地区的雅鲁藏布江大峡谷位于平均海拔3000米以上的喜马拉雅山中，总体上属于高寒山区。然而，由于那个地区的地壳抬升幅度很大，雅鲁藏布江切割很深。因此，展现出从高山冰雪带到低河谷热带雨林等九个垂直自然带，是世界山地垂直自然带最齐全、最完整的地方。从上向下，首先是高山灌丛草甸，以杜鹃为主，还有龙胆、园穗蓼、报春花和垂头菊等；再往下，进入高山、亚高山常绿针叶林，以冷杉居多，还生长着杜鹃、忍冬、荚迷、五加等灌木；继续往下则进入了山地常绿、半常绿阔叶林带，青冈树是这一地带的主角，青冈树上的附生植物十分发达，主要是攀缘植物和空竹等藤本竹类，栲树在常绿阔叶林中也十分常见，栲林下生长着大批滇丁香和紫金牛等灌木；继续下行，到达低山河谷，进入季风雨林带，那里生长着高大的乔木，如千果榄仁、阿丁枫、天料木等，乔木之间，印度栲、蒲桃、厚壳桂、粘果榕等稍矮些的乔木相互交错，除此之外，还可以见到野芭蕉、桄榔和鱼尾葵以及原始古老的树蕨——桫椤，藤本植物在这些林下四处攀援，白藤、扁担藤等长势良好，各类兰科植物、水龙骨、鸟巢蕨、冬叶、艳叶姜、楼梯草等随处可见，堪称世界之最。

○大峡谷底植被茂盛

正是由于雅鲁藏布大峡谷如此独特的自然环境，这里保持了原始的生物多样性，保存了许多罕见稀有的动植物，生物学家和生态专家称这里是世界上难得的"生物基因库"。

　　雅鲁藏布大峡谷又是当今地球上构造活动最强烈的地区，1950年8月15日这里曾发生里氏8.5级的强烈地震，是研究青藏高原隆起最受关注的地方。大峡谷地区还广泛分布着现代冰川，如亚龙冰川、喜日尤甫冰川、作求甫冰川、则隆弄冰川等，不仅景观十分壮丽，蕴含潜在的旅游价值，而且对研究这里的生态环境具有重要的科学意义。

　　世界上类似的峡谷很多，把峡谷看成"知识宝库"是一点也不过分的。

# 峡谷的天下第一

地球上有许多雄伟壮观的大峡谷。峡谷的排名，其实是很难的，因为依据不同，排位的名次就不同。长期以来，人们根据峡谷的长度、深度和宽度综合考虑，参照其规模的大小和气势雄伟的程度，对世界上的大峡谷进行比较，排出名次。美国科罗拉多大峡谷名列第一，一直是全世界地球科学家和旅游爱好者最为向往的地方。不过，到了20世纪末，中国探险家在西藏雅鲁藏布江上发现了雅鲁藏布大峡谷，科罗拉多大峡谷独占鳌头的纪录被打破了。现今，雅鲁藏布大峡谷已雄踞世界大峡谷排名的榜首。

## 新发现的世界第一大峡谷

雅鲁藏布大峡谷位于我国西藏雅鲁藏布江下游，是一座围绕着喜马拉雅山东端的最高峰——南迦巴瓦峰（海拔7787米）形成一个马蹄形的奇特峡谷。峡谷的东西两侧屹立着两座世界著名的高峰，一座就是中国境内的南迦巴瓦峰，一座是克什米尔境内的南迦帕尔巴特峰（海拔8125米）。大峡谷长达504.6千米，最深处为6009米，峡谷底河床宽度仅为35米。它的切割深度和峡谷长度已经远远超过世界上一些著名的大峡谷，如美国科罗拉多大峡谷（长度370千米，最深处为2133米）、秘鲁的科尔卡峡谷（长度90千米，最深处为3200米）和尼泊尔的喀利根德格峡谷（长度60千米，最深处为4403米）等。1998年10月，中华人民共和国国务院批准同意将雅鲁藏布江大拐弯，即从米林县到墨脱县境内的大峡谷命名为"雅鲁藏布江大峡谷"。

## 举世罕见的大峡谷

雅鲁藏布大峡谷气势磅礴、雄伟壮观，风光奇丽。这里

26

峡险谷深，激流咆哮；两岸悬崖壁立，四围群峰积雪；蓝天白云之下，更显幽深明净，充满原始粗犷和神秘之美。大峡谷壮观、奇特、雄伟、秀美、原始、自然、洁净、环境独特、资源丰富，举世罕见。

大峡谷的自然环境得天独厚。由于雅鲁藏布江滔滔江水劈开了青藏高原与印度洋水汽交汇的山地屏障，开出了一条通道，使得南来的暖湿气流能够源源不断地涌进高原，改变了这里的环境，使雪域高原的东南部成为一片绿色世界，诞生了雪域中的"江南"。雅鲁藏布大峡谷奇特的马蹄形大拐弯和青藏高原最大的水汽通道这两大特点，构成了世界上极为珍贵的自然奇观，也赋予了大峡谷最有特点的生态旅游资源。

大峡谷地区到处分布有雪山融水形成的瀑布群，激流飞泻、雄浑跌宕；高山湖泊明澈如镜、魅力无穷；还有大片季风型海洋性(温性)冰川，冰塔林等景观旖旎迷人。

大峡谷还蕴藏着丰富的水力资源。这里年降水量达4000毫米以上，天然水能蕴藏量多达6880余万千瓦；大峡谷段的水流大约有4000米的落差，发电量可达3800万千瓦，对于这一地区今后的发展具有极为重要的意义。

## 小知识

有人将雅鲁藏布江大峡谷的特点总结为十个字："高壮深润幽，长险低奇秀"。其中高是指海拔高；低是指峡谷底部最低的地方发海拔只有155米，大大低于美国科罗拉多大峡谷、秘鲁科尔卡大峡谷和尼泊尔喀利根德格大峡谷；在平均海拔3000米以上的青藏高原上，大峡谷切割得如此之深，真是举世罕见的了。

南伽巴瓦在藏语中有不同解释，一为"雷电如火燃烧"，一为"直刺天空的长矛"，后一个名字来源于《格萨尔王传》中的"门岭大战"一章，在这一章节中将南伽巴瓦峰描绘为状若"长矛直刺苍穹"。从这些充满阳刚气息的名字里，我们不难体会出南伽巴瓦峰的刚烈气质。由于南峰所在的雅鲁藏布大峡谷地区地质构造复杂，板块构造运动强烈，造成南峰地区山势险峻、哨壁陡立，加上地震、雪崩不断，攀登难度极大。

虽然由于我国西藏雅鲁藏布大峡谷问世之后，美国的科罗拉多大峡谷退居世界第二，但是，科罗拉多大峡谷瑰丽的风光依然魅力四射，它特殊的科学价值并没有丝毫逊色。科罗拉多大峡谷仍然是世界级的旅游观光和地质学科学考察的胜地。

# 美国人的骄傲
## ——科罗拉多大峡谷

### 大自然的杰作

科罗拉多大峡谷位于美国亚利桑那州西北凯巴布高原上。因为它属于科罗拉多河河谷的一部分，故称科罗拉多大峡谷，为大自然的杰作。联合国教科文组织宣布将其作为世界天然遗产之一加以保护。

发源于北美西部落基山脉的科罗拉多河水势湍急，激流滚滚；历经千百万年对凯巴布高原进行长期的切割冲刷，在坚硬的岩层上"开挖"出了一道"鸿沟"，逐渐形成了大峡谷。大峡谷形态不规则，曲折蜿蜒，长达347千米；平均谷深1.6千米；谷底宽度平均不足为1千米，最窄仅120米；谷岸最窄的地方6千米，最宽处为28千米；峡谷区的总面积为2724.7平方千米。

大峡谷两岸重峦叠嶂，群峰峭立，陡壁如削，怪石嶙峋。其雄伟多姿的自然地貌，博大恢弘的气魄，壮丽迷人的景观以及令人目眩的色彩，世上罕有其匹。1903年美国总统西奥多·罗斯福曾经到大峡谷游览，他感叹地说："大峡谷使我充满了敬畏，它无可比拟、无所形容，在这辽阔的世界上绝无仅有。"

# 千姿百态、变化无穷

　　由于大峡谷的岩层性质和结构不同，成分差异，加之不同地质年代地质环境有别，经河水冲刷后，就形成了千姿百态、变化无穷的岩峰、峭壁和洞穴。当地人按其各自的形态、风格，冠以一些富有神话色彩的美丽名称，诸如阿波罗神殿、狄安娜神庙、婆罗门神庙等等。"天使之窗"、"皇家山谷"、"帝王台"和"光明天使谷"等是大峡谷中名传天下的几处名胜。其中，"天使之窗"位于峡谷南缘，是一面山峰上出现的一个通天空洞。"帝王台"位于峡谷北侧，宛如一座古代帝王拜将用的高坛，惟妙惟肖，十分逼真。

　　大峡谷两岸的岩层呈水平状产出，经流水切割而裸露出来，层理非常清晰，好似万卷诗书一层层叠在一起，使大峡谷获得"书状崖"的美称，成为蕴涵地质学历史丰富信息的宝库。更为奇特的是，大峡谷两壁岩石的颜色会随着太阳光的强弱和天气的阴晴产生无穷的变化，或骄阳直射，或风雨晦暝，或晨曦初露，或夕阳满山，可使峡谷风光，变幻莫测，气象万千。特别是在朝阳或夕照之下，岩石色彩变幻多端，时而紫红，时而深蓝，时而棕黄，时而乳白，使人目不暇接，美不胜收。游人至此，无不流连忘返，慨叹大自然的鬼斧神工。这种自然现象的产生是由于大峡谷谷壁的岩层中含有不同的矿物质，它们在阳光的照耀下反射出不同的色彩所致。如铁质矿物在阳光下反射出紫、红、橙、棕等色调，石英、长石等显出乳白色，其他矿物则产生各种不同的色调。

大峡谷不仅风光奇绝，而且野生动植物亦种类繁多，堪称一个庞大的野生动植物园。据统计，目前已发现的动物，禽鸟类、哺乳动物类、爬行和两栖类动物多达400多种，而各种植物则多达1500种。

## 观光胜地

现在，科罗拉多大峡谷每年接待来自世界各地的游人约300多万。有幸到此观光的人，无不由衷赞叹这一地球上的奇迹。它的色彩与结构，尤其是它那恢弘壮观的气势是世界上任何雕刻家和画家的作品都无法表现的。游客们或乘直升机，从空中鸟瞰大峡谷的雄姿；或骑毛驴，沿着崎岖的山路直达谷底，做一次寻幽探险的漫游；或坐着木船、皮筏，冲过急流险滩向极限挑战，科罗拉多激流上的"漂流"是美国很多青年向往的运动；或结伴在谷内步行，夜宿随身携带的帐篷，谛听鸟兽的鸣叫、凄厉的风声和潺潺的流水声，体验大自然的天籁。

○美国科罗拉多大峡谷

○科罗拉多大峡谷

# 小知识

　　美国总统西奥多·罗斯福对科罗拉多大峡谷极为推崇，他说："大峡谷使我充满了敬畏，它无可比拟、无所形容，在这辽阔的世界上绝无仅有。"此外，美国科罗拉多大峡谷中，还有几处景点是以我国古代伟大的思想家孔子和孟子命名的，如孔夫子神殿和孟子庙，充分反映了我国古代文化的巨大影响力。

　　美国加利福尼亚州与内华达州交界处有一条狭长地带，被称为"死谷"，这是一个十分独特的峡谷区。峡谷区南北走向，长225千米，宽只有6～26千米，地势极其低洼，最低处低于海平面85米，是北美洲最低地方。死谷的气候干旱，夏季酷热，不适于人居，但是那里有某些动物难得的繁衍环境，同时死谷内蕴藏丰富的硼砂矿和岩盐，还有铜、金、银、铝等矿产。尽管死谷极其荒凉，但它的景观却别具一格，死一般的寂静，四周奇形怪状的山峰，特别是阳光照射下山峰五彩缤纷的色调，使之获得"画家调色板"的美称，从而成为"美国一景"。现已开辟为美国"死谷国家公园"，是人们冬季避寒的胜地。

# 世界大峡谷排行榜

○ 巫峡风光

上面已经提到，根据峡谷的长度、深度和宽度以及规模气势，人们开出了大峡谷全球排行榜，中国西藏的雅鲁布大峡谷和美国的科罗拉多大峡谷分别占据冠、亚军的位置。但是排行榜往下位置的确定却越来越难，因为峡谷的长度、深度和宽度往往"各领风骚"，例如，秘鲁的科尔卡大峡谷，因其深度达3200米，自称是世界最深的大峡谷；尼泊尔王国的喀利根得格大峡谷，它正好夹在阿纳普那(海拔8091米)和德哈乌拉给日(海拔8167米)两座海拔8000米以上高峰之间，也自认为是世界第一深峡谷。但是，尽管这两条峡谷在深度上颇具优势，而在整体的规模和雄伟气势方面却均无法与中国西藏雅鲁藏布大峡谷和美国科罗拉多大峡谷相比，雄伟壮观程度远逊于后两者。同时，2002年2月，我国科学家在西藏的林芝发现了帕隆藏布大峡谷。单就深度来说，帕隆藏布大峡谷的深度为4403米，超过了秘鲁科尔卡大峡谷和尼泊尔王国的喀利根德格大峡谷。

# 西藏的帕隆藏布大峡谷

我国西藏帕隆藏布大峡谷位于林芝境内雅鲁藏布江的支流扎曲河上。帕隆藏布大峡谷两岸壁立千仞，高峰摩天；谷内激流奔腾，险滩不断，跌水和瀑布随处可见；谷底原始森林密布，生态环境极佳；谷坡发育有大面积冰川。米堆冰川和然乌湖、易贡湖两个高山湖泊等著名的藏东景点就在附近，风光奇丽，清幽迷人，具有极大的旅游开发前景。

○帕隆藏布大峡谷

# 南美洲的科尔卡大峡谷

当南美洲亚马逊河上游穿越纵贯南北的安第斯山脉时，在秘鲁境内"开凿"出世界闻名的大峡谷——科尔卡大峡谷，峡谷深度为世界之最。在20世纪末中国西藏的雅鲁藏布大峡谷被发现之前，是仅次于美国科罗拉多大峡谷，名列世界第二的大峡谷。科尔卡峡谷具有十分独特的景观特色。这里主要是裸露的火山喷发岩石，植被并不茂盛，常常见到一些仙人掌和粗茎凤梨属植物在劲风中微微摇曳，使得如此深切的峡谷显得深邃、粗犷而神秘，又带着几分苍凉。峡谷附近还散布着80多座高矮不同的锥形火山，最高可达300米。

## 尼泊尔喀利根德格大峡谷

尼泊尔王国的喀利根德格大峡谷位于中尼边界的东段，耸立在"世界屋脊"之上，以高海拔而著称，它的风光特色与上述大峡谷有所不同。由于喀利根德格大峡谷相对开阔，山谷里村庄星罗棋布。每当夏日旅游时节，蓝天白云下，草地上牛羊成群，颇有牧区的风情，叫人不敢相信这是海拔4000多米的高原。

## 新近发现的板桥大峡谷

2002年4月，我国科学家在湖北、重庆交界的石灰岩地区，发现了一座称得上世界级的大峡谷——板桥大峡谷。这个峡谷深度为3500米，长度为20千长。探险家们考察后说，站在峰头望去，大峡谷曲折逶迤，山势峥嵘峻峭，峭壁犹如刀削斧劈。谷中水色清碧，有瀑布从半山腰泻下，层层叠叠，飘飘洒洒，水量甚丰，呈水带、水帘或雨雾状，落在长满青苔的山岩上，叫人心旷神怡，不忍离去。　只是峡谷处于人迹罕至的地区，目前还鲜为人知罢了。相信在不久的将来，板桥大峡谷将以它美妙绝伦的壮丽风光奉献于世人。

### 小知识

#### 世界上几个著名大峡谷的深度、长度数据表

| 峡谷名称 | 长度（千米） | 深度（最深）（米） |
| --- | --- | --- |
| 中国雅鲁藏布大峡谷 | 504.6 | 6009 |
| 美国科罗拉多大峡谷 | 370 | 2133 |
| 秘鲁科尔卡大峡谷 | 90 | 3200 |
| 尼泊尔喀利根德格大峡谷 | 60 | 4403 |
| 中国板桥大峡谷 | 20 | 3500 |
| 中国金沙江虎跳峡 | 16 | 3000 |
| 中国长江三峡 | 192 | 800 |

○巫峡风光

# 长江三峡

说起我国峡谷，最知名的恐怕不是名列世界第一的雅鲁藏布大峡谷，而是长江三峡。长江是我国最长的河流，是中华民族的又一条母亲河。她发源于青藏高原，由涓涓细流壮大成滔滔大河，一路上穿山越岭，奔流直下；在进入川东丘陵之后，浩浩荡荡的江水以雷霆万钧之力，一泻千里之势，劈破重重山岭、切开座座峰崖，形成了雄奇峻险、幽深秀美的三峡，为世人留下了壮丽无比的景观和旖旎的风光。

长江三峡西起重庆奉节的白帝城，东至湖北宜昌的南津关，由巫峡、瞿塘峡和西陵峡组成；全长192千米，蜿蜒曲折，连绵不断。自古以来，三峡的美景奇观不知吸引了多少游人，陶醉了多少旅客。

## 饮誉古今原因何在

如果长江三峡凭借它的深度、宽度与世界上的峡谷一争短长，实在是"小巫见大巫"，只能望尘莫及。然而，长江三峡却是饮誉古今、闻名世界的名胜，原因何在呢？原来，长江三峡虽然深度、宽度不算宏大，但由于峡谷两岸叠嶂峥嵘，峭壁嵯峨，波光峦影交织成一座人间罕有的百里画廊，美妙的自然风光他处绝无，此地

36

仅有。来到夔门，进入巫峡，山色空濛，水光潋滟；行驶峡中，船移景换，应接不暇；崖壁上青萝翠苔，苍润欲滴，更有溪泉淙淙，水花飞溅，如烟如雾，真是美到了极处。过完巫峡便是瞿塘峡，却是另一种风光。这里峰回江转，幽深秀丽，绵延45千米，两岸奇峰异峦，错落排列，以神女峰为代表的巫山十二峰在云雾中若隐若现，令人不由得遐想联翩。浪漫美丽的神话传说更为巫峡披上了梦幻般的色彩，增添了无穷魅力。西陵峡是三峡地形最险、水流最急的地段，礁多滩险，怒涛翻滚，骇浪滔天，使人惊心动魄。所以有人说，西陵峡充分体现了长江雄浑磅礴的气势。在旧社会，过往的船只把这里视为畏途，许多客商、行人命丧江底；新中国成立后，经过多年炸滩整治，现在已礁石尽除，有惊无险。举世瞩目的三峡工程就坐落在西陵峡。

○三峡白帝城入口

## 长江曾经向西流过

关于三峡的形成历史，地质学家们做过专门的研究。研究表明，在中生代（大约4000万年以前）时期，以今天的三峡位置为界，我国的长江可以分为两段，西段的江水是向西流的，一直流到古地中海（地质学上成为特提斯海，为远古大陆上的海洋）；东段的江水流向太平洋。到了新生代时期，喜马拉雅山脉隆起，古地中海向西退缩，同时三峡地区发生沉降，加上东段江流不断地"溯源"侵蚀（河流的一种习性，在特定环境里河水向上游源头方向侵蚀），最终导致东西段河道的贯通，奠定今日长江的格局。当然，长江的演化进程是非常漫长的，变化也是非常复杂的。

## 文化底蕴厚重

除了自然景观外，三峡闻名于世还有人文方面的原因。这里诞生了像屈

○长江葛洲坝

原、王昭君等历史名人；李白、杜甫、白居易、刘禹锡、范成大、苏东坡、陆游、毛泽东、陈毅、郭沫若等历代文豪都曾经热情地讴歌三峡，留下了大量传颂千古、脍炙人口的佳作诗文，为三峡添加了厚重的文化底蕴。同时，三峡地区还有大量历史人文景观，如远古时期的大溪文化遗址、巴人悬棺、古栈道、屈原昭君故里、白帝城、三国古战场、白鹤梁石刻等等，这些宝贵的文化遗产无疑是三峡魅力的重要组成部分。

三峡是自然景观，也是人文景观。游览三峡，仿佛是经历了一次人生历程。让我们体验乘风破浪、冲越激流险滩，到达壮阔江面的艰难和愉悦，感悟人生道路的曲折和前景的美好：只要不畏艰险，勇往直前，坦途就在前面。

## 划时代的宏伟工程

说起长江三峡，我们必须提到举世瞩目的长江三峡水利枢纽工程。三峡工程是一项划时代、跨世纪的宏伟工程，也是中华民族足以傲视世界的象征。为了保证三峡工程的顺利进行，前期在西陵峡口3千米处修建了葛洲坝水利枢纽，主体是一条大坝，全长2600多米，坝高70米，宽30米；配套设施包括船闸、泄水闸、发电厂、冲沙闸和挡水坝。巨型船闸可以通过万吨级轮船，

○三峡石宝寨

是当今世界最大的船闸之一。

　　三峡工程完成后，虽然有不少古迹淹没在水中，但是，国家做了周密的安排，一些重要的文物古迹事先已妥善地搬迁到安全的位置，我们照样可以观赏、游览或凭吊。由于水位的上升，三峡水域更为开阔，青山如画，碧水似诗，风光旖旎迷人。例如，三峡著名景点白帝城将四面环水，清波倒影，犹如人间仙境，景色将更加美丽迷人，而且游船可以直达景点，比从前更为便捷；又如，由于水位上升，屈原祠现已迁建到秭归新县城凤凰山，按原貌重建的屈原祠由山门、屈原青铜像及东西碑廊、屈原纪念馆和屈原墓等组成，占地14000平方米，规模恢弘，肃穆庄严。祠内有3.92米高的屈原青铜像，形象生动，神情逼真，仿佛正在吟诵"路漫漫其修远兮，吾将上下而求索"诗句，崇敬之情使人油然而生。

　　伟大的三峡工程，我们向您致敬！

## 小知识

　　在巫山县城东约15千米处的大江北岸，青峰云霞之中有一根突兀巨石，宛若一个亭亭玉立、美丽动人的少女，俯视着长江。因为她站在群峰云巅，每天第一个迎朝霞，最后一个送晚霞，所以又名望霞峰。传说远古时代，瑶池宫里住着西天王母的第23个女儿，名瑶姬。她在紫清宫阙里，向三元真仙学得了变化无穷的仙术，被封为云华夫人。瑶姬生性好动，一日她带着侍从，悄悄地离开了仙宫，遨游人间。一路上，仙女们飞越千峰万岭，阅尽世上奇景，好不欢快。岂料来到云雨茫茫的巫山上空，却见12条蛟龙正在兴风作浪，危害人民。瑶姬大怒，她决心替世人诛杀孽龙。于是按住云头，用手轻轻一指，但闻惊雷滚滚，地动山摇。待到风平浪静，12条蛟龙的尸体已化作12座大山，堵住了巫峡，壅塞了长江，滔滔洪水，冲毁田园，今天的四川一带成了一片汪洋大海。为治理水患，夏禹立即从黄河来到长江。然而山高水急，采用开山疏水之法，谈何容易。正当夏禹焦急万分之时，瑶姬为夏禹百折不挠的精神所感动，施展仙术，帮助夏禹疏导了三峡水道，洪水流向了东海。她还将一部治水用的黄绫宝卷送给了夏禹。水患虽已平复，瑶姬仍然在巫山之巅为行船指点航路，为百姓驱除虎豹，为民间耕云播雨，为病人培育灵芝。年复一年，她忘记了西天，也忘记了自己，化成了那座令人向往的神女峰。

# 独具特色的黄河峡谷

"黄河之水天上来，东流到海不复回。"唐代大诗人李白的诗句形象地描绘了我们的母亲河从青藏高原奔腾而下的雄伟气势。

发源于青海巴颜喀拉山的黄河，从海拔4400多米的高度，由西向东，从正源卡日曲到龙羊峡，在将近1000千米的流程内，河道曲折，所谓"黄河九曲十八湾"，说的就是这一段；河流穿行于万山丛中，往往形成深邃的高山峡谷，如甘德境内的官仓峡、铜德境内的拉加峡。拉加峡全长216千米，是黄河第二大峡谷。

## 黄河有20多座峡谷

从青海龙羊峡到宁夏青铜峡，黄河上形成了20多座峡谷，包括龙羊峡、松巴峡、李家峡、积石峡、寺沟峡、刘家峡、八盘峡、桑园峡、青铜峡等；其中青海共和境内的龙羊峡是黄河切穿花岗岩形成的峡谷，长40千米，深150米；循化境内的积石峡，长25千米，峡道窄，水流急，落差大；甘肃永靖境内的刘家峡长12千米，落差18米，最窄处不足60米。这三座峡谷和盐锅峡、八盘峡、李家峡和青铜峡已经修建了水电站，还有小峡、大峡、乌金峡、小观音、大柳树、积石峡、公伯峡、寺沟峡、碛口等处已规划要修建水电站。这段黄河流经的基本是岩石出露的山区，水土流失不大，因此，河水清澈，而且峡谷神奇秀美，各具特色，还蕴藏着丰富的水力资源。然而，当黄河流入黄土高原，由于对黄土的猛烈冲刷，致使河水泥沙含量剧增，黄河变成了真正的"黄"河。

黄河离开宁夏，经过内蒙古的河套，向东受

# 奇妙的 冰川峡谷

吕梁山所阻，便折转南流。从内蒙古托克托县的河口镇起，到山西的禹门口，黄河飞流直下725千米，构成黄河第一长峡。这里水面高程由984米降至377米，将黄土高原劈为两半，东岸为山西省，西岸为陕西省，故称晋陕峡谷。通常我们所说的黄河峡谷，就是指晋陕峡谷。

○壶口飞瀑

## 从壶口到龙门

黄河峡谷具有与长江三峡迥然不同的独特风貌。如果说，长江三峡是一位南国佳人，更多地表现出清丽明艳的秀美，那么，黄河峡谷就更像是一个遗世独立的北方汉子，充满了雄浑粗犷的剽悍。由于地理环境的差异，黄河中段的峡谷缺少茂盛的树木和绿色的装点，却凭着它裸露的岩石黄土、千沟万壑的容颜和黄土地人民特有的风情给人一种心灵的震撼！最典型的例子是位于晋陕峡谷南段的壶口瀑布。原来，黄河流到此处，河床宽度由200～300米，骤然收束到50多米，滔滔河水沿着如此狭窄的峡谷奔腾而下，跌入30多米的谷底，激流翻滚，惊涛怒吼，声闻数十里外。站在瀑布旁边，只觉得脚下震荡不已，叫人惊心动魄、神魂欲飞。瀑布最宽可达1000余米，最大瀑面达3000平方米。它的形状恰

○黄河峡谷

如"巨壶"倒悬，万丈狂澜就从这把"巨壶"的壶口喷泻而出，故名"壶口瀑布"。它是排名在贵州黄果树大瀑布之后的我国第二大瀑布，也是世界上著名的瀑布之一。

壶口瀑布之南大约40千米是晋陕峡谷南端最后一个隘口——龙门。这里东西两山对峙，悬崖绝壁，状似大门。相传每年春季，有成千上万的鲤鱼回游到此，出水跳跃，若是能够越过"河门"，便可化为神龙，所以人们将这里的黄河隘口称为"龙门"。汹涌滔天的浊浪从龙门飞泻而下，涛声若雷，水雾弥漫，虽然比壶口瀑布稍逊，声势也十分壮观。

## 三门峡与小浪底

出了晋陕峡谷，黄河向南奔流了一段路程遇华山相阻，折向东流，进入晋豫（山西与河南）水道，很快到达三门峡。三门峡是中华民族最古老的文化发源地。中华民族最著名的传说"大禹治水、斧劈三门"，就发生在这里，大禹留下的镇河石柱——中流砥柱至今仍巍然屹立在黄河峡谷之中，被誉为中华民族不屈精神的象征。轩辕黄帝曾在这里铸鼎祭天，奠定政权。函谷关是中国古代著名的雄关要塞之一，老子西入函谷关时，在这里写下哲学名著《道德经》，成为道家的经典。

说到黄河峡谷，最后就要提到小浪底。小浪底水利枢纽是治理开发黄河的关键性工程，于1997年截流，2001年底竣工。工程位于河南洛阳以北40千米的黄河干流上，上距三门峡水库130千米，下距郑州花园口115千米，是黄河干流三门峡以下唯一能够取得较大库容的控制性工程。

小浪底水库库区全长130千米，总面积278平方千米。晋豫黄河峡谷与库区及雄伟的水库大坝交相辉映，形成了湖光山色交融、岛屿星罗棋布的"高峡出平湖"的绝妙景色。 水库实际是由三座各具风采的峡谷组成：孤山峡鬼斧神工，千仞壁立；龙凤峡盘龙走蛇，曲折迂回；大峪峡开阔舒展，气象万千。这里是万里黄河展现峡谷风光的最后一站。

# 猛虎一跃而过的峡谷
## ——虎跳峡

发源自青海格拉丹东雪山的金沙江进入云南境内后，与怒江、澜沧江平行南流，构成了名列"世界遗产"的"三江并流"罕见奇观。他们各自形成了一系列雄伟壮丽的峡谷，如怒江的双腊瓦底嶂谷、青拉桶大峡谷，澜沧江的石登至中排峡谷、燕门至同江峡谷、伏龙桥大峡谷等。不过，金沙江在云南丽江的石鼓镇东面突然以130多度的急转弯，掉头甩开与它并行的澜沧江和怒江，折向东北，成了壮观的"U"字形"长江第一湾"；然后，奔腾的金沙江以雷霆万钧之势硬是穿过玉龙雪山和哈巴雪山，冲刷出全长约17千米的巨大峡谷；汹涌的江水与两岸山顶的高差达3000多米，成为世界上最深最险的峡谷之一。这便是著名的虎跳峡大峡谷。

虎跳峡又名"金沙劈流"，整个峡区分为上虎跳、中虎跳、下虎跳3段，18处险滩。两岸壁立千仞，犹如刀削斧劈，而谷底江水奔腾咆哮，怒涛激荡，令人惊心动魄。一般水面宽60～80米，最窄处只有30多米。上中下虎跳峡各具特色，而中虎跳尤为险峻壮观。江水在不到5千米距离中跌落百米，形成万丈激流，金沙江在这里变成了一条狂躁的猛龙，激荡的怒涛在礁石间左冲右撞，只见浊浪滔天，雾气腾空，势如金戈铁马，万兽狂奔，声势夺人……站在江边的危崖之上劲风扑面，站立不稳，让人感到心灵深处的震撼。"一线天"是中虎跳峡的奇景，因

为这一段江岸峭壁悬崖接连不断，其上奇峰
峥嵘，怪石嵯峨，仰望天空，只见两边千尺
绝壁直插云霄，看到的是窄窄的天光一线。
"满天星"是指中虎跳峡里密布的礁石，犬
牙交错，势态狰狞，仿佛漫天的星星。上虎
跳峡中的虎跳石是一块硕大无朋的巨石，仿
佛一头怪兽蹲坐在万丈洪涛之中，浪花飞
溅，水声若雷，形势极是猛恶，是旅游者必
观的景点之一。

○云南虎跳峡

　　"虎跳天下险"，说的是虎跳峡的奇
危惊险。不过，这个"险"字中却蕴含着
夺人心魄的壮美，正是这种"险"，吸引着国内外无数游客到此寻幽探险。

## 小知识

　　传说，古时候金沙江边的玉龙雪山上居住着一个武艺高强的猎手，有一次打
猎时，射中了一只猛虎。猛虎带伤逃跑，猎人在后紧紧追赶。猛虎奔到金沙江
边，竟然一跃跳过了峡谷。由此峡谷得名虎跳峡。

　　2003年7月，我国西南地区的怒江、澜沧江和金沙江以"三江并流"的自然奇
观顺利入选《世界自然遗产名录》。这三条发源于青藏高原的大江受到横断山脉
地质构造的控制，在四川与西藏交界处的八宿、察雅、白玉一线，开始了由北向
南，同向奔流的格局；在穿越崇山峻岭，"平行不交"地奔流了300多千米之后，
进入云南境内，又继续平行南流了400多千米，形成"三江并流"的世界罕见奇
特景观。由于"三江并流"地区独特的地质构造、生态环境和自然景观，长期以
来，这个区域是科学家、探险家和大自然爱好者最为向往的地方。

　　滚滚长江自青藏高原奔腾而下，到了云南丽江的石鼓，遇到海罗山坚硬的
岩层的阻挡，突然掉头折向东北，形成了一个大拐弯，这就是"万里长江第一
湾"。万里长江第一湾江面开阔，水流平缓，景色秀丽。历史上三国时期诸葛亮
的"五月渡泸"、元始祖忽必烈的"革囊渡江"故事都发生在此，也是近代红军
长征渡江的地点。

# 神州 "名峡" 知多少

中华大地江河纵横，形成大大小小、千姿百态的峡景观。如果要问，神州大地上有多少峡谷呢？答案是数不清。即使要问"知名的峡谷"有哪些？回答起来也非常困难，只能选择一些目前知名度较高的峡谷，略作叙述。

## 长江还有很多峡谷

除了上面提到的雅鲁藏布大峡谷、虎跳峡等大型峡谷以及著名的长江三峡、黄河峡谷等外，我国还有许多中等或小型峡谷。虽然这些峡谷规模不是很大，但他们各具特色，别有风情。例如，长江上游岷江段，在四川乐山附近有小三峡，或叫"平羌三峡"，全长约8千米，是岷江水流切割和冲刷龙泉山脉及其丘陵形成的。峡谷地段河道曲折，江水清碧，风光秀丽。上游是犁头峡，峡窄水急；中间是背峨峡，江面开阔，江流平稳；下段是平羌峡，峡口高耸成台，江水跌落，形成回流，颇为壮观，是大诗人李白写下"峨眉山月半轮秋，影入平羌江自流；夜发清溪向三峡，思君不见下渝州。"名诗的地方。

重庆巴县附近的长江上还有猫儿峡、铜锣峡和明月峡，古代称之为"巴县三峡"。

长江支流嘉陵江上有沥鼻峡、温塘峡和观音峡，又称嘉陵江小三峡。峡谷两岸风光旖旎，幽深秀丽，江水清澈，为重庆的著名景区。特别是观音峡，是嘉陵江水切穿观音山而成。由于切割很深，因而峡坡极为陡峭，几乎是直立的绝壁，峡谷最窄处只有百米左右，人称"船在江中行，头顶一线天"。

长江支流大宁河小三峡，在巫山县境内，大宁河奔流于"众峰巉绝，峭壁如削"的群山之中，河道蜿蜒曲折，峡谷连绵不绝，独具特色的峡谷就有七处，"大宁河小三峡"则是其中精华。小三峡全长50千米，由龙门峡、双龙峡和滴翠峡组成。龙门峡绝壁对峙，紧束沧江，形似门户，素有"小夔门"之称。双龙峡峡谷深邃，水流清碧，崖壁有溶洞，溶洞中有钟乳垂挂而下，十分耐看；滴翠峡景色秀美，为诸峡之首。两岸百丈陡壁，绵亘数里，其中有一段叫做"赤壁摩天"，瑰丽壮观，令人赞叹不已。

长江支流乌江上游鸭江有犁辕峡、花园峡和谷雨峡，风光秀丽，环境清幽，是当地著名的旅游胜地。

## 广东的峡谷优美壮丽

广东珠江也以优美壮丽的峡谷闻名。当珠江支流北江穿过英德和清远时，形成了浈阳峡、香炉峡、飞来峡。由于江水切割花岗岩、石英岩等坚硬的岩石，峡谷极深，峡坡极陡，江面极窄，造成有"一夫当关，万夫莫开"的气势。特别是飞来峡，沿岸共有72峰，群峰对峙，急流奔腾，环境清幽绝尘，加上亭台楼阁的点缀，松涛烟云的渲染，直似一幅丹青画稿，是岭南著名的风景区。

珠江的支流西江上也有三座著名的峡谷，位于广东西部的德庆、高要一带。它们是大鼎峡、三榕峡和羚羊峡。羚羊峡是西江穿过烂柯山和龙门山时形成的。峡长7.5千米，宽380米，深83米，是西江最深的地方。

广东连江的湟川三峡，全长10千米，由羊跳峡、楞伽峡和龙泉峡组成。峡

○西陵峡

岸如翠屏，江水似碧玉，深邃静谧，清幽绝尘。比之桂林漓江，湟川三峡的景色毫不逊色。

## 神州峡谷知多少

安徽淮河中游一般流经平原地区，但在凤台、怀远及五河一带是低山丘陵，河水切割山体，形成峡山口峡、荆山峡、浮山峡等。峡山口峡是淮河沿八公山断层深切的结果。这里是著名的"淝水之战"古战场，加上风光宜人，是远近闻名的旅游景点。

贵州镇远县境内的㵲阳河小三峡近年来因"漂流热"而声名鹊起。峡谷依次为龙王峡、西峡和诸葛峡，全长25千米，自然风光极美，被誉为兼有长江三峡之险峻，桂林漓江之娟秀。沿岸有三叠飞瀑、一线天、水帘洞等景点。

此外，还有四川青城山的后山峡、什邡的莹华峡、彭县的银洞沟峡、瓦屋山的轻易江峡、广元的清风峡、明月峡、朝天峡、旺苍的七里峡等；新疆库尔勒市的铁关谷、霍城县果子沟等；河北涞水的野三坡、承德的松云峡、梨树峡等；北京的十渡、龙庆峡、京东大峡谷、云蒙峡、云岫谷、青龙峡、龙门涧等；湖南衡山金龙峡、永顺猛洞河峡谷；浙江的浙西大峡谷、桐江七里泷等；福建青流县的九龙溪、永安的桃源涧峡谷；辽宁宽甸的峡谷以及台湾地区的太鲁阁大理石峡谷和桃源县石门峡等等，实际上是数不清的。

上面只是挂一漏万地提到一些目前已经出了名的峡谷。小朋友们，等你们长大了，祖国大好山河，还有更多的美景等待你们去发现呢！

# 峡谷的"异姓兄弟"
## ——峡湾

小朋友可能要问：你说地球上的峡谷是"两山夹一水"，"水"是指江河。如果不是江河，而是海洋，那么算不算"峡谷"呢？这个问题提得很好。现在我们就来谈谈"两山夹海水"的"峡湾"。

## 为什么叫"异姓兄弟"

地质学家告诉我们，在我们地球上一些高纬度地带，主要是靠近南极或北极的地区，因海水将冰川的下端部分淹没，从而形成了岸壁陡峭而狭窄的海湾，这样的海湾称之为"峡湾"（或峡江）。请小朋友们记住，峡湾与峡谷不同，前者只出现在寒冷的高纬度地带，同时它们的形成与冰川活动有关。这里我们把"峡湾"称之为峡谷的"异姓兄弟"，是因为它们的"长相"很像，有点像"兄弟"，但它们的"出身"却不是一家，只能算是异姓的兄弟。

峡湾是一种很特殊的海岸地貌类型。海水很深地伸入到内陆，水道曲曲弯弯，两岸岩崖高峻陡峭，形成极为美丽、极有魅力的景观。世界上最有名的峡湾主要在靠近北极的挪威和靠近南极的新西兰南岛。此外，北美的格陵兰、美国的阿拉斯加基奈地区等也有峡湾。

## 挪威峡湾

挪威峡湾不像三峡那样水波汹涌，仿佛是平静的湖面，倒映着蓝天白云、山光岚影，景色奇丽，别有神韵。峡湾两岸的山峰连绵，陡岩突起，远处山头白雪皑皑，在阳光下闪闪发光。挪威的大小峡湾不计其数。大约在1万年前后结束的最后一次冰河期，使得挪威的大部分土地都被冰川覆盖。冰川在向海洋缓缓移动的过程中，由于本身夹带大量的砂砾岩块，对两岸的岩石产生强烈的摩擦和剥蚀，从而形成了极深的U型谷地——一种典型的冰川侵蚀地貌。冰川融化后，海水漫了进来，深入陆地，形成曲折幽深的峡湾。借助两岸高峻山崖的阻隔，汹涌咆哮而来的海水，也就变得平波漫流了。

## 新西兰的峡湾景观

南半球的新西兰也以峡湾景观而闻名世界。在新西兰的南岛，大约两百万年前的冰川活动，"雕琢"出了深邃的峡谷，后来海洋的"入侵"造就了峡湾，再加上残留的冰川、雪山、瀑布、高山湖泊以及U型峡谷等，使得峡湾地区的景色瑰丽多姿，世间罕有。

新西兰选择了南岛最大的一片峡湾，建成了峡湾国家公园，占地100多万公顷，是新西兰最大的国家公园。峡湾公园内设有游艇，运送游人观赏峡湾

独特的美丽景色，但禁止其他任何现代化交通工具；住宿、餐饮等设施同样受到严格的限制，因此，峡湾的自然生态保护良好。峡湾公园最著名的是米福峡湾，这里湾水清澈碧蓝，水面似镜，船在其上，如行平湖。峡湾的海水很深，一般都在几百米，最深达到1200米！两岸的山峰则是千米高山，岩石裸露的万丈绝壁紧束峡湾，游人到此不由得凝神屏息，深深惊叹大自然粗犷雄浑的魅力。

　　小朋友们将来如果有机会去观赏峡湾的风光，可以更深刻地感受大自然的巨大力量和无穷的奥秘。

## 小知识

　　挪威的峡湾景区很多，目前闻名于世的有五处，即盖兰格尔峡湾，峡湾长16千米，两岸耸立着海拔1500米以上的群山。盖兰峡湾是世界上屈指可数的观光胜地之一。索格内峡湾，全长205千米，是世界最长、最深的峡湾。哈丹格尔峡湾，全长179千米。在四大峡湾中最为平缓，有着牧歌般的风情。里塞峡湾，全长42千米，两岸巨岩兀立，表现出大自然雄劲的活力。新西兰的峡湾以米佛峡湾为代表。米佛峡湾两岸的悬崖绝壁达1000米以上，连绵不绝，极为壮观，是古冰川剥蚀的产物。不论在游艇上仰望或是由空中俯瞰，其气势之雄奇、规模之宏伟，都令人赞叹不已。米福峡湾已被联合国列为世界自然遗产保护区，在旅游界赢得"世界观光与徒步活动之都"的美誉，英国作家吉普林称之为"世界第八大奇观"。

# 峡谷的"异姓兄弟"
## ——裂谷

上面我们讲到，地球上的峡谷主要是江河水流的冲刷切割和地壳的抬升作用形成的，峡湾是冰川运动过程中刻蚀出来的。这里，我们还要介绍峡谷的另一个"异姓兄弟"，一种形态上与峡谷相类似，但成因上则完全不同的"峡谷"——裂谷。

## 非洲的大裂谷

根据地质学板块理论的说法，地球上的某些板块之间地壳比较薄弱，地下深处大约数十千米的地幔物质上升活动十分剧烈。地幔物质的上升，一方面使得该处的地壳抬升，同时又促使地壳逐渐地张开、断陷，从而形成了巨大的裂谷带。地球上发育有多处裂谷带，其中规模最大、知名度最高的是东非大裂谷。

在非洲的东部，从非洲到阿拉伯大裂谷，南起赞比西河口向北经马拉维湖，分为东西2支。东支裂谷为主带，沿着维多利亚湖东侧，向北经坦桑尼亚、肯尼亚中部，穿过埃塞俄比亚高原入红海，

○东非乞力马扎罗火山

52

再由红海向西北方向延伸抵约旦谷地，全长近6000千米。东非裂谷带又叫"东非大裂谷"是非洲－阿拉伯大裂谷的一段。东非大裂谷谷带宽度大，谷底比较平坦。裂谷两侧是陡峭的断崖，犹如刀削斧劈一般。谷底与断崖顶部的高差从几百米到2000米不等。西支裂谷规模较小，大致沿维多利亚湖西侧由南向北穿过坦噶尼喀湖、基伍湖等一串湖泊，向北逐渐消失。大裂谷两侧的高原上分布有众多的火山，如乞力马扎罗山、肯尼亚山、尼拉贡戈火山等，谷底还分布有30多个断陷湖泊，如同一串珍珠项链。这些湖泊形态狭长、湖水很深，水色湛蓝，风光优美。其中著名的坦噶尼喀湖南北长670千米，东西宽40～80千米，是世界上最狭长的湖泊，平均水深达1130米，仅次于北亚的贝加尔湖，湖水深度居世界第二。

## 科学家关注东非大裂谷

东非大裂谷引起了科学家们极大的关注。频繁的火山活动将地下深处的岩浆物质带到了地表，里面包含着大量来自地球深处的信息，同时外貌保持良好的火山形态为研究火山活动提供了其他地方难以提供的条件。东非大裂谷继续不断地扩张更是全世界科学家关注的科学课题，因为这直接关系到大裂谷乃至我们人类的家园——地球的未来命运问题。

在人们的想象里，大裂谷是一条巨大的深沟，峡谷里可能充满了黑暗、阴森、甚至是恐怖的气氛。但实际情况并非如此，那里完全是另外一番景象。远处，茂密的原始森林覆盖着连绵的群峰，满山遍野是仙人掌类植物；近处是广袤的原野，林木青葱，花草纷繁，大地如绣，充满了盎然生机；还有多处湖泊，粼粼波光倒映出远山雪峰，蓝天白云，景色旖旎迷人。东非大裂谷特有的环境还有利于物种的保存，这里生物的多样性引起了世界环保科学家和生物学家的广泛兴趣。肯尼亚野生动物园更是名闻遐迩，游人如织。东非大裂谷已经成为非洲大陆人气最旺的旅游胜地。

○幽静的峡谷

# 峡谷漂流

　　小朋友，如果你来到峡谷的滚滚急流前，看到人们乘坐橡皮艇或竹筏子，随着惊涛骇浪的翻滚起伏顺流而下，你会感到惊险刺激吗？会不会也想去尝试一下呢？我想答案是肯定的。

　　这种在峡谷湍流里的"漂流"是一种集体育、游览观光、科学考察和探险为一体的时尚运动。在我国，除了居住在急流边上的人们，在没有桥梁和渡船的情况下，借用皮筏、竹筏"漂流过河"（如乘坐羊皮筏子渡过黄河）外，过去很少有人尝试这样的运动。不过，随着国家经济的发展和文明程度的提高，这样一项具有"刺激性"、"冒险性"的运动项目越来越得到人们的青睐，特别是一些年轻朋友的钟爱。

## "长江首漂"尧茂书

　　我国一些年轻的勇士，他们有感于国外探险家大无畏的开拓精神，决心要开创我国自己的黄河、长江漂流壮举。他们选择江流湍急，惊险卓绝的地段，穿上救生衣、戴上安全帽，乘坐橡皮筏子，搏击怒涛狂浪，走一走前人从来没有走过的路子。其中有位代表人物叫尧茂书，他于1985年6月20日下午，将他的《龙的传人号》橡皮艇推下了长江源头，开始了我国历史上的"长江首漂"；后来，他又继续在通天河、金沙江"漂流"。可惜的是，在金沙江上游的通珈峡漂流时，不幸遇

难。后来，我国的"漂流"事业不断发展，有更多的"漂流"爱好者参与了黄河漂流、怒江漂流等活动。

## 另一种"漂流"完全适合我们

虽然我们不主张大家都来从事上述的漂流活动，但小朋友们也不用泄气，因为还有另一种"漂流"完全适合我们，那就是旅游休闲性的漂流。这种漂流是让游人乘坐在平底的竹筏上，有专人撑篙掌舵。筏子顺流而下，有时遭遇急流险滩，浪花四溅，却是有惊无险，有时漾波漫流，山光云影，如在梦幻之中。笔者曾经有过武夷山九曲溪漂流的经历，深感这种漂流可谓是"人间乐事"。从九曲溪上游星村出发，舟师竹篙轻点，竹筏缓缓移动，两岸风光如画，令人目不暇接：丹山、绿树、飞瀑、流泉、烟云以及寺庙、朱亭、白塔和村舍人家，纷至沓来，进入眼帘，宛如一幅幅美丽的山水动画。有位同游的朋友说得好："九曲溪漂流，无跋涉之劳，有耳目之娱，是为安适之游。"

# 峡谷激流
## 人类宝贵的资源

峡谷激流不仅是一种重要的旅游探险资源，更重要的它是人类生存和经济发展所必需的水资源和能源。

## 峡谷流水是资源

大家都知道，峡谷流水汇成的滔滔江河，为我们带来丰富的水资源，农业灌溉、工业用水、交通航运、城市管理和人民生活等等都离不开水。这里，单就峡谷激流来说，本身就是宝贵的资源，因为湍急的水流蕴含着无穷的动能，是一种没有污染，持续的能源。所以，无论国际国内，都非常注意水利电力资源的开发。在我国，国家把大力发展水电作为能源发展的重要方向。

我国是一个水力资源非常丰富的国家，全国的水力资源理论蕴藏量为6.76亿千瓦，年发电量为$5.92×10^4$亿千瓦时，其中可开发容量3.78亿千瓦，年发电量$1.92×10^4$亿千瓦时，占全世界可开发水能资源总量的16.7%，居世界第一位。但是目前的开发程度不高，据2000年年底的资料，水电在全国总发电量中所占的比例为24%。

中国水力资源虽然丰富，但分布极不均匀，主要集中在西南地区，约占全国水力资源量的70%。除了前面已经说过的长江三峡以外，拥有"高山陡峡激流"的西南各省更是我国当前开发水电资源的重点地区。就拿水力资源最为集中的四川攀枝花以西地区来说，这里以金沙江、雅砻江、大渡河为主干的大小河流有300多条。金沙江干流可开发利用的河流落差为2180米，雅砻江干流可开发利用的河流落差为2827米，大渡河干流可开发利用的河流落差为2636米。年水流总量共1564亿立方米，相当于3条黄河的年流量。这三条江的水电资源的蕴藏量达9456万千瓦，可以开发的装机容量可达7135万千瓦，水力资源的富集程度居世界之冠。所有这些蕴藏巨大水能的河流都处于峡谷地段，因为只有峡谷地段才可能有如此巨大的急流和落差。我们说，峡谷急流是人类宝贵的资源，一点也不过分。

## 比三峡电站还大的水电站

总装机容量比三峡电站还大60万千瓦的金沙江溪洛渡、向家坝两个巨型水电站已于2007年实现截流，计划2013年首批机组发电，这将是我国最大的水电基地。溪洛渡电站位于四川省雷波县和云南省永善县的交界处，设计装机容量1260万千瓦，年平均发电量571.2亿千瓦时；向家坝电站位于四川省宜宾县与云南省水富县交界处，装机600万千瓦，年平均发电量307亿千瓦时。其实，在川滇黔地区已经开发和正在开发许多大型的水电站，诸如四川雅砻江二滩电站、广西红水河龙滩电站、云南澜沧江小湾水电站、贵州乌江构皮滩水电站等等，都是规模宏大的水利发电站，它们像一颗颗璀璨的明珠，闪烁在祖国大西南的万山丛中，为社会主义祖国的经济建设和人民的幸福生活发挥重要的作用。

但是，近来国内外有不少学者提出了问题。他们认为，过去那种所谓"让亿万年来一直白白流走的河水造福于人类"的观点带有很大的片面性。江河是地球数十亿年形成过程中所构成的生态系统的有机组成部分，有其独特的生态功能。如何更加科学合理地利用峡谷激流的水力资源，既能让滚滚水流为人类造福，同时又能保持良好的生态环境，是摆在人类面前的一个重要课题。

## 小知识

鉴于各国科学家关于拦河筑坝，修建水电站可能引起对生态环境的负面影响的呼吁，我国正在建立科学规范的水电开发机制，进一步加强对水电站建设的规划、管理。在借鉴国外实行多年的"流域、梯级、滚动、综合"水电建设开发方式，即由一个流域公司为主体进行流域水电开发，建立统一的流域梯级调度中心和梯级统一运行调度的同时，把水电站的建设可能对环境生态等产生的影响进行科学的评估进入工程立项的必要程序，从而强化了水电开发过程对生态环境以及自然景观、历史文物的保护。

# 峡谷探险游览谨防 "杀手"

世界上的任何事物都有两面，有利有弊，峡谷也是如此。当我们观赏峡谷的美妙风光，或者在峡谷里漂流时，我们应当知道，由于地形和地质上的原因，某些峡谷隐藏着"杀手"。

## 地质灾害威胁旅游安全

据了解，在一些大江大河的漂流中，曾有多位漂流者遇险。因为探险漂流毕竟是一种冒险运动。这里，我们要告诉小朋友们的是，一些峡谷本身就隐含潜在的危险，那就是在暴雨、地震等自然现象的引发下，可能发生崩塌、滑坡、泥石流等地质灾害。

又如，三峡地区山高坡陡，地质条件复杂，雨量充沛，容易产生崩塌、滑坡等峡谷岸坡的变形破坏。如果遇到暴雨，山沟里还比较容易形成泥石流。

在历史上，三峡曾经发生过多次大规模的滑坡和崩塌，巨大的山坡、山岩突然垮落江中，导致河道阻塞，洪水泛滥，行船颠覆，附近城镇被淹。例如，秭归县的新滩是经常发生滑坡灾害的地段，最近一次大滑坡发生于1985年6月12日，大约600万立方米的土石从800米高处直冲而下，300万立方米左右土石冲入长江，新滩镇被摧毁，长江断航数日。

○链予崖滑坡防治

○黄蜡石滑坡体

## 防范在先

在兴建三峡水库的过程中，政府和有关部门十分关注地质灾害的问题，根据地质灾害危险和危害的程度，采取了各种措施，或者整个城镇搬迁，或者对可能发生滑坡、崩塌的山体进行工程处理，局部采取工程加固或爆炸去除危险山体部分。搬迁和工程措施都有困难的地方则设置仪器，密切监视滑坡活动，当有危险发生时，事先向民众发出警告，避开灾难，减少损失。当然，无论搬迁城镇、加固山体还是监视滑坡，都需要付出相当高的代价，但是为了人的生命安全，这些措施是必不可少的。

事实上，不只是三峡，任何地区的峡谷都存在上述滑坡、崩塌、泥石流一类"潜伏的杀手"，只不过不同地区程度有所不同而已。所以，当你们去峡谷游览、漂流时，一定要有安全意识，一定要掌握保护自己、远离灾害的知识。最好是在大人的陪同下，既能玩得痛快，又能保证安全。

○美国科罗拉多大峡谷

# 第二部分

# 洞穴探秘

　　小朋友们：在各种奇妙的大自然风景名胜中，洞穴是一个重要的门类。不知道你们是否有过上山钻洞的经历？我想，进入黑乎乎的山洞时的那种兴奋、神秘、又有点恐惧的感觉一定会给你们留下难以磨灭的印象。下面让我们就来谈谈有关洞穴的各种问题吧。

# 神仙窟宅
# 妖魔巢穴

　　自然科学中，有一门科学叫"洞穴学"，是专门研究洞穴的。根据"洞穴学"的定义，洞穴是指"人类可以进出的天然地下空间。"这句话包含两层意思，一是地下空间必须足够大，大到人类可以出入；二是这个地下空间必须与外界有通道连接，人类才能出入。本文讨论的洞穴就是指这样的山洞或岩洞，即出现在山体或土体里面的空间。

## 人类祖先的住所

　　小朋友们可曾听说过人类祖先"岩居穴处、茹毛饮血"的传说？那是说，在遥远的古代，世界上还没有房子，为了遮风避雨，古人们就住在山洞里；没有火种煮熟食物，就生吃兽肉，喝兽血。后来，有巢氏发明了盖房，慢慢地人们住进了房屋；燧人氏发明了取火，人们才慢慢吃煮熟的食物。这个传说告诉我们，洞穴很早以前就与我们人类有着密切的关系了。1875年在西班牙北部阿尔塔米拉洞窟里发现大量的壁画，据这些壁画考证，距今11000～17000年前已有人居住在这个洞窟里了。1985年该洞窟被列入世界遗产名录。

## 神仙和妖魔的住宅

　　在我国的许多神话和传说里，洞穴还常常是神仙窟宅或是妖魔巢穴。 著名的神魔小说《西游记》中，观世音菩萨的南海潮音洞，孙悟空的老家花果山水帘洞，都是环境优美的地方。花果山水帘洞，那里青山绿水、美景如画，而且四季常青，花果不断，美猴王带领一大批猴子猴孙生活得无忧无虑。而一些妖魔鬼怪也住在洞穴之中，不过这些洞穴显得幽晦黑暗、阴森诡秘而已，例如红孩儿的火云洞、铁扇公主的芭蕉洞、蜘蛛精的盘丝洞等等。

古人把洞穴看成是神仙和妖魔的住宅是有原因的。因为洞穴里面没有光亮，空间曲折多变，在一些石灰岩形成的溶洞中，还有许多晶莹剔透、千姿百态的钟乳、石笋、石柱、石花、石幔等，令人感到神秘不解，又有几分惊奇恐惧，因此，把洞穴归之于神仙或妖魔的住处。

我国的道家对洞穴也给予了特别的关注。他们把神仙修炼或栖身的地方称之为"洞府"，在道家的典籍中有"十大洞天"、"三十六洞天，七十二福地"的记载。在道家的故事里，常常有"洞中方七日，世上已千年"的说法，将"洞府"与凡俗尘世的"时间尺度"拉开了巨大的距离。道家的神话传说为增添洞穴的神秘气氛起到了推波助澜的作用。

随着科学文明的发展，人类对大自然的认识有了极大的进步；我们已经明白，各种洞穴并非神仙的住宅或鬼怪的巢穴，它们是地质作用的产物。洞穴和洞穴中的堆积物是现今科学家研究古环境、古气候、古生物的重要对象，许多洞穴是宗教文化的宝库，洞穴中神奇美丽的景观是我们大家最钟爱的旅游场所，洞穴探险是一种时尚的运动，而且洞穴还有很大的经济开发价值呢。

洞穴是一种宝贵的自然资源，洞穴世界充满了迷人的魅力。

## 小知识

我国有一个著名神话发生在烂柯山。遥远的古代有个樵夫到山里打柴，看到有两个道人在山洞里一边下棋，一边吃枣。樵夫就站在一旁观看，不知过了多久，樵夫觉得饿了，吃了两颗道人剩下的枣子，也就不再觉得饥饿。最后，两个道人下完了棋，站起身来走了。樵夫回到村里，竟然谁也不认识他，他也不认识任何人。后来问一个白发老者，说记得老人说起过，很久以前，有个祖先入山打柴，一去不归。樵夫大为吃惊，他看了看自己的砍柴斧子，斧柄已经朽烂了。古代人们将斧头的木柄称作"柯"，所以把樵夫打柴、观棋的那座山叫做"烂柯山"。这个故事表达了"洞中方七日，世上已千年"的仙道思想，反映了洞穴的神秘。

# 洞穴的身世

○美国圣塔克鲁斯岛的海蚀洞

说起洞穴的身世是相当复杂的。表面上来看，各种洞穴似乎差不多，但实际上它们的"身世"各不相同。除了人工开凿的洞穴外，天然形成的洞穴中最常见的洞穴是"岩溶洞穴"（下面简称溶洞），溶洞是洞穴家族中的"大户"，它们千姿百态，类型繁多，是一种重要的自然景观，而且它们的形成过程很特别，也很有趣，下面我们要专门

进行讨论；不过，洞穴绝不只是溶洞，按照洞穴形成的过程，还有好些其他种类的洞穴。这里，我们就先来看看除了溶洞以外的其他洞穴。

## 火山熔岩洞

由于火山作用形成的洞穴，叫火山熔岩洞。它们是在火山喷发过程中，伴随着岩浆流动形成的。当炽热的岩浆喷出地表，遇到空气，温度突然下降，这时岩浆表面首先冷却凝结而变硬，形成了坚硬的外壳，但是，岩浆内部并没有直接与空气接触，因此，温度下降较慢，内部的岩浆仍然在流动，当后面的岩浆流尽时，硬壳的中心部位就出现了空洞。由于岩浆流动往往有一段距离，这样形成的空洞也往往形成隧道状的。在我国黑龙江镜泊湖附近有长达数千米的"熔岩隧道"，它的两壁上能够清楚地看到岩浆流动留下的痕迹。还有在海南岛北部的琼山马鞍岭火山区，发现有多条新的熔岩隧道，可供人们游览观赏。其中一条称为"地下走廊"，位于地面以下20米，主道长1360米，宽5～14米，高3.5～6米，甚是壮观，而且在局部地方还形成高约15米，面积达5800多米的大厅，可容万人集会。美国夏威夷国家火山公园内有一处叫做卡组姆拉的熔岩隧道，长达6千多米，深度1千多米，可称世界之最。

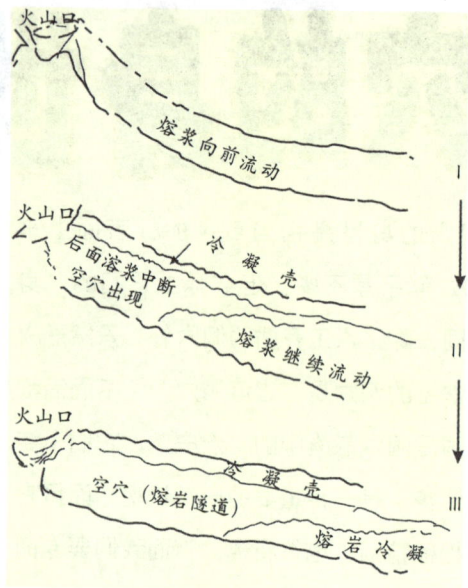

○ 熔岩隧道形成示意图

# 形形色色的洞穴

有的洞穴出现在非常坚硬的花岗岩中，看起来似乎不可思议，其实，这是由于沿着花岗岩体中的裂隙经过漫长的剥蚀作用形成的。例如，江西庐山南麓的羲之洞、福建的云洞岩、内蒙古的嘎仙洞等。

有一种被称为丹霞地貌的岩洞，那是在红色砂岩中生成的洞穴，可能是沿着岩石裂缝长时期侵蚀的结果，也可能是崩塌或别的原因造成的，如广东仁化丹霞山的锦石岩岩洞、四川长宁蜀南竹海的仙寓洞、台湾神木千人洞等。

石英岩中有时也可能形成洞穴，如辽宁庄河的仙人洞、长山岛的水晶洞、长岛县的聚仙洞等。

还有一种洞穴是海岸边的岩石受海浪的剥蚀而形成的，如辽宁大连金石滩海蚀洞、满家滩燕子窝海蚀洞穴、山东威海市四村镇水龙窝、江苏连云港云台山海蚀洞、浙江嵊泗列岛"云雾"、"猿猴"等古洞、福建厦门鼓浪屿洞、广西涠洲岛海蚀洞以及台湾基隆的仙洞岩等。据报道，世界上最大的海蚀洞在美国加州的圣塔克鲁斯岛。

其他地质作用，如风蚀、冰蚀等，也都可能形成洞穴，但一般规模不大，这里就忽略不提了。山体崩塌也是形成洞穴的一种途径，如陕西翠华山，据说因地震引起山体崩塌，大块岩石无规则地堆积在一起，石块之间形成了洞穴空间。

此外，由于局部的地质、气候或别的原因，使得某些洞穴具有某种特殊的性质，如风洞、冰洞、雷洞、雾洞、热洞、鱼洞、蝙蝠洞等等，这里就不作进一步讨论了。

上面提到的各类成因的洞穴大都是风景名胜，在供人们游览观赏这一点上，它们的功用是相同的，当然，地质学家们则更为关注它们形成的特点和过程，因为通过洞穴的研究可以揭示出大自然更多的奥秘。

我都把石灰岩泡在水里快一年了，可是它一点也没溶化啊！

哈哈！你泡的时间太短了！

# 溶洞的来历

## 石头溶于水中

上面已经提到，各类洞穴中最常见的是"岩溶山洞"（溶洞）。从字面看，小朋友们也许要问：难道你说的是岩石溶解吗？石头能溶解吗？是的，答案是肯定的。科学研究告诉我们，那些奇妙的山洞以及山洞中千奇百怪的石钟乳等都与岩石的溶解有关。

### 溶洞究竟是怎样生成的

原来，地球表层的岩石中有一类岩石叫做石灰岩，它的化学成分是碳酸钙（$CaCO_3$）。这种岩石有一个特性，它可以溶解于一定酸度的水中，换句话说，流水（地下水和地表水）对于石灰岩类有溶蚀作用。当天然水中富含二氧化碳时，它对石灰岩的溶解能力要比纯水强许多倍。这样的水流沿着岩石中的裂隙运动时，通过对岩石的溶蚀，就会将岩石的裂隙不断地扩大，逐渐形成孔穴；通过漫长的地质年代，溶蚀作用持续进行，孔穴就会变得越来越大，成为巨大的空洞。这便是岩溶洞穴形成的最简单的过程。由于岩石的成分不均一、裂隙发育的不均匀以及水流本身的变化等原因，溶蚀过程是十分复杂的，最后形成空洞（洞穴）的形态也就多种多样。同时，在洞穴形成后，水流还在继续活动，由于物理化学条件的变化，水流中的碳酸盐成分［重碳酸钙：$Ca(HCO_3)_2$］会转化为相对难溶的碳酸钙沉淀出来，其沉积物就是各种钙华、钟乳和石笋等。这里，我们所说的溶洞的形成实际是经过两个不同的过程：一是水流溶蚀、冲蚀石灰岩类岩石，产生地下的岩溶空间；二是地下水中碳酸钙的沉淀，在地下空间里形成各色各样的堆积物。在漫长的地质年代里，通过缓慢而持久的地质作用，还包括地壳的升降运动和构造运动，逐步在地表以下形成了繁复多样的岩溶空间系统，主要包括三大类：岩溶裂隙、溶洞和岩溶通道，溶洞是其中最主要的种类。

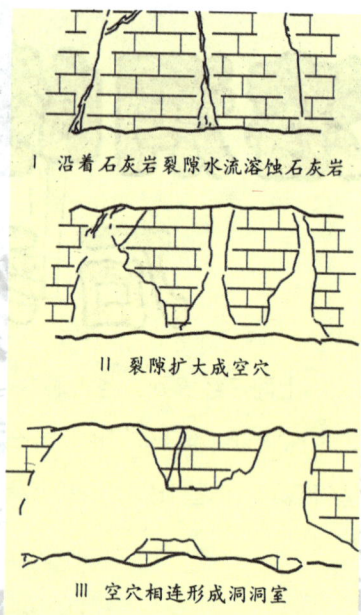

I 沿着石灰岩裂隙水流溶蚀石灰岩

II 裂隙扩大成空穴

III 空穴相连形成洞洞室

## 其他岩石的溶洞

当然，除了石灰岩类以外，还有白云岩、石膏和岩盐等，也都在一定程度上能溶解于水。因此，地球上还有这类岩石形成的岩溶地貌和溶洞，不过从数量上看，主要是石灰岩形成的溶洞。

归纳起来，造成溶洞的条件主要有三点：一是存在可以溶于水的岩石；二是水流可以在岩石的裂隙中流动；三是水流有溶解岩石的能力。在具备上面三个条件的地方，就可能有溶洞存在。目前人类已经发现了许多溶洞，但是，肯定还有更多的溶洞深藏在地下。溶洞这个神秘的世界正等待我们去发现呢！

小 知 识

地球水流作用于可溶性的岩石，不仅在地下形成溶洞，同时在地表形成千姿百态的岩溶地貌。我国的桂林山水、云南石林、川南石海等许许多多岩溶名胜也都是水流对岩石的溶蚀作用的产物；地表岩溶的观赏美学、科学研究等价值不亚于地下溶洞，只是这里讨论的是地下溶洞问题，因而没有涉及地表的岩溶景观。

# 神秘奇特的溶洞世界

　　说起岩溶洞穴，我们首先要介绍一下"喀斯特"这个名词。　"喀斯特"一词起源于南欧巴尔干半岛前南斯拉夫的一个地名，那里的大片石灰岩受到水流的溶蚀，形成了一种独特的地貌形态：地表发育了大片的石芽、石沟、石峰、石林，地下为溶洞、石钟乳、石笋等沉淀物以及地表以下的地河等。后来人们就把这种特殊的地貌用当地的地名来命名，叫做"喀斯特地貌"。过去，我国的教科书和报刊上也都采用"喀斯特"这个名词。不过，1966年在广西桂林召开的"中国地质学会第一次全国岩溶学术会议"上决定采用"岩溶"这个名词，从字面上更直观地表达这种地貌来源于"岩石溶解于水"的作用。作为一种知识性的了解，我们不妨将"喀斯特"和"岩溶"当做同义词来理解。

## 幽深的地下世界

　　溶洞是地下岩溶景观的主要组成部分。世界上很多国家和地区都发现有溶洞。到目前为止，已经发现的溶洞分布是不均匀的，大致是南美洲、非洲和南极比较少，而欧洲、亚洲和北美洲比较多。不过，这不一定能代表实际情况，因为很多地方石灰岩分布

○重庆武隆芙蓉洞

73

○江西彭泽龙宫洞洞门

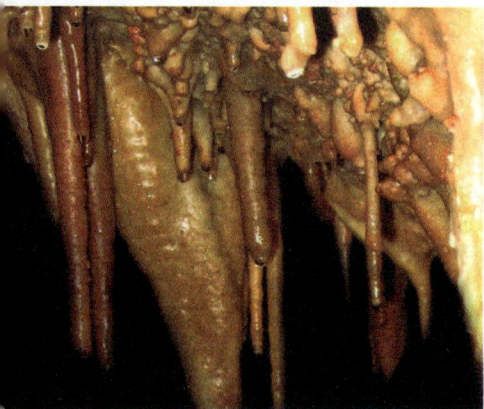

很广，只是由于各种原因，没有很好地勘探和发现溶洞而已。

溶洞是个神秘幽深的世界，因为在地下深处不见天日的地方，竟然会出现短则数十米，长则数十千米的空间。它们的空间形态千变万化，有时形成轩敞宽阔的大厅、巨室，能容万人；有时变成狭隘的小巷窄道，才能通人；有时上下分层，层层重叠又互相连通，或是纵横交错，犹如网络迷宫，给人一种疑真疑幻的感觉。溶洞里面不仅有绚丽多姿的钟乳、石笋和形态各异的钙华沉积，像形状物，栩栩如生，饶多兴味；而且晶莹剔透，光洁温润，把洞室装点得如同水晶宫殿，神话世界，不少溶洞中还有地下河、地下湖等独特景观，充满了扑朔迷离、奇特神秘的气氛，因而引起人们极大的兴趣，深为大众所喜爱。

## 神秘奇特的魅力

在喀斯特地貌的得名地，现今斯洛文尼亚共和国首都卢布尔亚那附近有个波斯托依纳溶洞，可以说集中了溶洞神秘奇特的所有魅力。这个溶洞是喀斯特高原上的一大奇景，是世界上最大、最长的溶洞之一。波斯托依纳溶洞全长24千米，深入地下200米；这个溶洞洞内套洞，各洞之间有天然隧道相连，形成了一条规模宏伟、世界罕见的地下溶洞走廊。其中有四个巨大的洞室大厅，称为辉煌厅、帷幔厅、水晶厅和音乐厅。最妙的是音乐厅，它高40米，面积约3000平方米，可以容纳近万人；整个洞室仿佛是一座巍峨的宫殿，四壁全是洁白的洞穴堆积。特别是洞内的音响效果极好，当地人经常别出心裁地在洞中举办岩洞音乐会。

溶洞内还有高悬的钟乳和拔地而起的石笋；洞穴堆积物五光十色、千姿百态，有的像是冰清玉洁的莲花，有的像笑容可掬的老人，有的像雄狮下山，有的像飞鸟翔翔。在洞内缓缓流过的地下河时隐时现，因地形不同，水流有时宁静清澈，有时湍急奔腾；河上还"架"有一座石桥，桥下黑洞洞的，是几十米的深渊。地下河里还生长着一种无鳞、鳃肺并存、盲眼的"人鱼"（因为鱼皮如人皮，而且有四只脚，故名），据说是世上仅有的。

小朋友们，你们说，像波斯托依纳那样的溶洞够得上神秘奇特吗？

## 小知识

有时溶洞内还能见到一般发育在地表的岩溶景观，如天生桥、落水洞等。天生桥是地下河的顶板塌落之后残留的部分顶板，是两端与地面相连而中间悬空的桥状地形。落水洞是地下河泄水的通道。

当然！没想到还能在溶洞里开舞会！

能请您跳支舞么？

# 溶洞的精华

## 洞穴堆积

○北京石花洞之双彩石盾

有位科学家说："各种堆积物是溶洞的精华"。也许这位科学家是从学术研究的角度来认识问题的，从观赏审美的角度看，这句话也是正确的。正是这些美丽的堆积物把溶洞装点得多姿多彩、美轮美奂，使溶洞具有无穷魅力。如果溶洞中没有花样繁多的堆积物，那么，空空荡荡的大空间就会毫无生气，恐怕不会有多少人来光顾了。

### 钟乳、石笋和石柱

钟乳、石笋和石柱是溶洞里最为常见，也最为重要的洞穴堆积物。事实上，钟乳、石笋和石柱是"同胞兄弟"，它们都是从地下水中沉淀出来的碳酸钙（地质学上称泉华或钙华）。当地下水从溶洞的顶部缓慢下滴时，碳酸钙析出，沉淀在顶板上，并且渐渐往下生长，形成的就是"钟乳"；而落到溶洞底部的地下水，也会析出碳酸钙，从底部渐渐"长高"，呈锥状、笋状，称为石笋。在某些溶洞里，我们还能看到，由于钟乳往下伸展，石笋往上生长，二者正好"连接"了起来，就形成了石柱。正是许许多多大小不一、形态各异、色调多样的钟乳、石笋和石柱，鬼斧神工般地构建出溶洞的"花花世界"，五光十色、琳琅满目，令人拍案叫绝，叹为观止。

钟乳、石笋、石柱的姿态，尺度大小当然很重要，巨大的钟乳、石笋看起来气势恢宏，伟岸壮丽；它们质地的晶莹透明、润洁如玉，形态图案的特异秀美；其组合布局的巧妙别致等也至关紧要。例如，我国湖南宁远紫霞洞有一块钟乳石敲之能奏"八音"，号称"八音石"；湖北咸丰黄金洞有一条40米长的

赭红色钟乳石组成的"天龙"，形态灵动，夭矫欲飞，神奇之极。贵州织金洞由石笋组成的"石林走廊"、江西彭泽龙宫洞的石笋"金钟宝塔"以及广东阳春凌霄岩40多米高、30多人方能合抱的粗大石柱等，都是举世罕见的"国宝"级景观。

## 如花似瀑赛珍珠

石幔、石花、石瀑、石珍珠、石葡萄、石珊瑚等也都是溶洞特有的堆积物，因外形酷似窗帷（幔）、花卉、瀑布等，获得了上述名称。根据溶洞沉积物形成部位和特点不同，还有边石、滴石和流石等名称。事实上，溶洞堆积物形态多种多样、千变万化：有的像人物、动物，有的像楼台殿堂，有的像山岭峰壑，有的像江河泉瀑，远远超出我们的想象。诸如湖南索溪峪黄龙洞的"定海神针"、湖北松滋市洈水新神洞的"深水石梯田"、浙江桐庐瑶琳仙境的"银河飞瀑"、吉林长春市双阳区吊水壶通天洞的"悬梯"以及许多溶洞都能见到的"石龙"、"石虎"、"石象"、"石盆"、"石坝"等等，可以说，凡是人间所有的各种事物，溶洞内都会有相应的"复制品"。下面我们还要专门介绍以"石花"闻名于世的北京石花洞，那里的各种石花才叫人拍案叫绝呢！

溶洞堆积物不仅有重要的旅游观赏价值，而且对于研究洞穴的形成历史、揭示古气候、古环境的演化进程等具有重要的科学意义；有时候，某些堆积物本身还是有用的矿产资源。所以，当我们游览观赏溶洞中的钟乳、石笋等堆积物时，一定要按照溶洞保护的规定，保护好这些大自然恩赐给我们的宝贵财富。

## 小知识

我们这里所说的"溶洞堆积物"包含了各种不同成因的化学沉积物、碎屑堆积物、河流冲积物等。当然，一般溶洞里最常见的，供人们观赏的是化学沉积物，如钟乳、石笋、石柱等。在众多的溶洞沉积物中，有一种罕见的中空、细长的管状石钟乳叫鹅管。我国著名的溶洞桂林芦笛岩，就是因为洞中多"芦笛管"而得名，这种芦笛管与"鹅管"相类似。

# 石花王国

我国首都北京西南的房山区，有一个规模宏大的溶洞群，即石花洞国家地质公园。石花洞国家地质公园面积36.5平方千米，包括石花洞、银狐洞、唐人洞和孔水洞等四个洞群区，大约有近百个溶洞分布其中。

## 石花名洞扬天下

石花洞的内部结构非常罕见，上下分为7层，各层有通道相连；洞道长达5000多米，由28个洞厅和63个支洞；底层到顶层高达120多米，其中底部的六七层是近千米的地下河。更奇特的是洞内发育了多种类型的化学沉积物，形成了我国乃至世界上的"石花之最"，有"石花王国"的美誉。我国的岩溶专家说："石花名洞扬天下，天下奇观在石花"；国际洞穴协会主席，加拿大马克斯特大学教授D.C福特的评价是："石花洞的侵蚀形态和化学沉积都称双绝。"

## 化学沉积的集大成者

石花洞国家地质公园以石花洞和银狐洞为代表，几乎包括了世界上所有的洞穴化学沉积类型。科学家告诉我们，总共有5种沉积类型和40余种岩溶形态。它们是：

北京石花洞中"石花"

※滴水型沉积　富含碳酸钙的地下水

○石花洞月奶石

从洞穴顶部滴下，碳酸钙析出，形成钟乳、石笋和石柱，还有空心细长的鹅管石等。30多米高的三个石柱，成为"洞天三柱"。

※流水型沉积 含有碳酸钙的地下水沿着裂隙或洞穴的底板缓慢流动，碳酸钙慢慢析出，堆积成石瀑布、石梯田、石坝、石栏杆等岩溶形态。

※渗透水沉积 富含碳酸钙的地下水顺着洞穴旁侧的裂隙缓慢渗流，随着碳酸钙的析出，向外生长出石盾、石旗、石幔、石葡萄等沉积形态。石花洞内有高达108米、宽8米的巨型石幔，在国内位列榜首；有大小600多个石盾组成的石盾群；还有一面"石旗"悬挂在洞壁上，形象逼真，薄如纸片，高达1.8米，极为罕见。专家计算表明，这面石旗的年龄已达5万年高寿。

※滞留水沉积 富含碳酸钙的滞留水（某一时段的静水），在某一点上长期更迭补充，逐渐形成石盆、石菊花、石珊瑚等沉积形态。在石花洞，有一种称之为月奶石的片状沉积物，色泽光润，洁白如玉，为国内首次发现。

※飞溅水和雾气沉积 当富含碳酸钙的地下水由洞穴上部渗漏或下滴时遇到阻挡，便四散飞溅或形成雾气，在适当的附着物上逐渐形成各种形状奇异的石针、石花、石毛、石枝杈、石珍珠及卷曲石等沉积形态。石花洞溶洞群里发育了晶莹洁白的玉兔、满身毛刺的石刺猬等雾气沉积，其中以银狐洞内的"国宝"——将近2米长的"倒挂银狐"为代表的毛发状沉积，毛茸茸的身子，洁白无瑕，栩栩如生，是世界上岩溶洞穴中极为罕见的沉积形态。

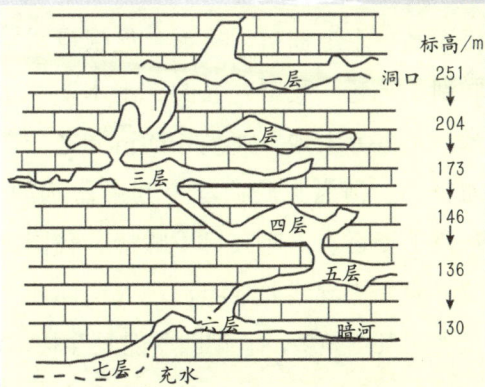

○石花洞结构示意图

# 地下之河

什么是地下河流？据地质学家告知，地下河流又称暗河，主要是指："岩溶地区没入地表以下沿地下溶洞和裂隙而流动的河流"，或者简单地说，"地下河是在地底下流动的河流。" 我国南方有些地方把地下河称为"阴河"。地下河的形态多变，树枝状、锯齿状、网络状或线状的都有，地下河与地表河一样，可以形成水系，大的地下河系流域面积可以有1000平方千米以上。

## 地下行船不是梦

地下河是岩溶洞穴景观的一大亮点，它的出现为原本多姿多彩的溶洞平添了许多情趣。当地下河的宽度、深度和水量达到一定规模时，就可以行驶船只，游客乘船在地下河上观赏溶洞风光，别有一种乐趣。地下河水声淙淙，水流清澈，水道曲折，犹如一道银链贯穿在重重岩层之中，将沿途的各个景点串联到了一起。我国著名的辽宁本溪"水洞"就以"地下河"闻名，全长达3000米，是世界上地下河最长的溶洞之一。这里河道蜿蜒曲折，水流终年不断，水面平稳，清澈见底；泛舟其中，犹如置身仙境，岩壁洞顶布满钟乳，参差错落，千姿百态，叫人目不暇接。我国另一个以地下河闻名的溶洞是贵州安顺的龙宫洞，进洞就要乘船，进入洞门便是一片广阔的水域，洞内钟乳垂挂，瀑布飞泻，景点颇多，一年四季船只穿梭，游人如织。

## 伏克留兹泉地下河

过去，世界上岩溶地下河系统以法国南部的伏克留兹泉风景区最为著名，这个地区有"世界最大的地下洞穴博物馆"的称号。伏克留兹泉风景区的地下河水系发达，纵横交错，如同蛛网一般，流域面积达1240平方千米，平均流量是每秒20.5立方米。不过，前几年在我国贵州罗甸发现的大小井地下河系统，规模已经超出伏克留兹泉。中法洞穴专家考察时先是发现那里有两股清澈的水流分别从大井洞和小井洞的两个洞口流出，汇成一条河流，后来它们从洞口进入地下溶洞，才搞清楚这是一个庞大的地下河系统。大小井地下河流域面积为2000平方千米，流量达每秒30～40立方米。大小井地区峰峦挺秀，江流蜿蜒，树木茂盛，景色如画，是难得的旅游观光的好去处；地下河流系统的发现增添了科学研究上的价值，更使大小井声名大振，远近驰名。

## 世界上最长的地下河在中国

不过，随着科学技术的进步，人类不断地有新的发现。2004年9月，中法探险队向世界公布：在重庆奉节与湖北恩施交界处发现了目前世界上已探明的最长地下河。龙桥地下河，全长达50多千米。有关龙桥地下河的流域和流量方面的数据还在进一步勘测之中。

我国的大多数溶洞都有地下河。随着岩洞内地势的变化，地下河有时形成地下湖塘，有时形成地下瀑布，使得溶洞的景观更为丰富多彩。例如，我国湖南郴州万华岩的洞门口就有一道从50米高处飞泻而下的飞瀑，吼声若雷，水雾飞腾，气势惊人。游人入洞，必须乘船穿过这道瀑布，才能进入岩洞，大大增加了旅游情趣。

可以预期，人们将会发现越来越多的地下河流，溶洞游览的内容变得越来越丰富，变得更加兴趣盎然。

**小知识**

在岩溶发育的地区，将地下河与地表水流连接起来的通道是落水洞。落水洞一般呈井状，大小不一，形态各异，有垂直的，倾斜的，还有曲折的。当地下河水位上涨时，地下水流就从落水洞漫出，落水洞暂时成了出水洞；地下水位不高时，地表水流经由落水洞进入地下河。我国近几年发现的"天坑"中有一些就是巨型的岩溶落水洞。

# 洞穴探险和开发

　　据统计，全球裸露和覆盖的岩溶地区占地球陆地总面积的15%以上，但分布很不均匀。目前世界上已经发现的溶洞数超过1万。但是，具备对外开放、接待游人的溶洞，也就是通常所说的旅游溶洞，数量是700多个。我国是岩溶发育的国家之一，总面积130万平方千米，占国土面积的1/7左右。迄今为止，国内已经发现大小溶洞达数千之多，目前已开发并正式向游人开放的溶洞是300多个。

## 洞穴需要开发

　　上述数字告诉我们，天生的一个洞穴，即使它的条件再好，不经"开发加工"是无法向游人开放的。洞穴专家告诉我们，原始的溶洞不仅一团漆黑，什么也看不见，即使点燃火把，或用电筒照亮山洞，你见到的也只是一些粗糙不堪的岩石，如同一个蓬头垢面的少女，看不出任何美丽之处；而且在漫长的地质年代里，溶洞历经了各种变动（构造运动、水淹、地震等）。当溶洞第一次面世时，里面往往是乱七八糟的，洞中满地的淤泥、横七竖八的石块，根本没有道路可通，是一个混沌的世界。因此，要将一个天然的洞穴变成旅游洞穴需要经过很大的努力。

## 洞穴探险不简单

　　开发洞穴的第一个程序就是洞穴探险。这里，探险有两种理解：一种是为了弄清楚洞穴的状况，进一步整理、开发洞穴而进行的探险，或者叫做"勘探"；一种是为了某种科学问题专门组织的探险，如岩溶考察、生物物种考察、生态环境研究等，或者叫做"科学探险"。但是，不管是何种探险，其结果都为洞穴开发提供基础，所以洞穴探险是洞穴开发必不可少的一步。当然，洞穴探险又是一种时尚的体育运动，不仅能培养人们不畏艰险，勇于向前的精神；还能增强人们的身体素质和增长科学知识。

但是，洞穴中常常有野兽、毒蛇、害虫藏身。在没有任何经验和装备的情况下贸然进入，会遭到意外的伤害，甚至危及生命安全。有些天然的岩洞是盲洞，二氧化碳或硫化氢等有害气体沉积于洞穴深处，探险者可能因缺氧而窒息。不少岩溶洞穴通道曲折崎岖，高低错落，岔洞很多，很容易迷失方向，或者从潮湿滑润的岩壁上跌落造成意外损伤。

为此，进行洞穴探险之前，应当做好各项准备工作，具备必要的野外生存技能，学习岩溶地质构造和溶洞探险的基本知识；掌握有关溶洞的地理位置、地质构造、水文资料、周围环境、生态植被以及气候条件等资料，并携带各类应急装备等。只有在获得充分的准备，包括对将会遇到的各类危险有足够的心理准备之后，才能进入探险的日程安排。

洞穴开发的第二步是根据洞穴探险的结果，针对洞穴的具体特点，开展洞穴道路、通风、照明、洞穴环保等，特别是有关安全方面的设计和实施。这是一个洞穴能否对外开放的基本前提。在此基础上，完成溶洞内部的景点布局、游览路线、科普导游以及极为重要的灯光布设。其中，灯光布设是一座溶洞能否吸引游人的关键。溶洞内的洞室、通道以及钟乳、石笋等，都需要有灯光给以巧妙的烘托和映衬，通过明暗、强弱的交替和绚烂色彩的搭配，才能显示出如梦如幻、如诗如画的境界。

在某种意义上说，洞穴探险和洞穴开发决定一座洞穴的前途和命运。

## 小知识

人类对于洞穴情有独钟，特别是溶洞以其美妙的环境和千姿万态的洞穴沉积很早以前就被人类开发为旅游场所，例如，我国的广西桂林的七星岩，根据洞壁碑刻所记，其游览历史至少可上溯至公元894年，距今已有1100多年了。明代地理学家徐霞客（1587～1641年）是世界最早对岩溶地貌进行科学考察记载和系统分类的人，他实地考察和记载的溶洞达200多个，在《徐霞客游记》中有详细的记载。

# 世界溶洞排行榜

小朋友们也许会问："哪个溶洞是世界第一？"这个问题不好回答。因为，对于溶洞究竟以什么标准来排位，人们有不同的认识。有的溶洞很长，但深度不大；有的溶洞埋藏在很深的地下，可是地下通道的长度不大。有的溶洞虽然拥有巨大的洞室，可是总体规模不算宏伟。所以，想要排出世界溶洞的排行榜不大容易。

不过，经过洞穴学家们的考虑，目前已经有了单项的结论，下面是世界上溶洞榜上前五名的情况。

## 最深的溶洞

（1）美国乔治亚州阿巴卡泽亚的佛荣尼亚洞，深2080米；

（2）法国高富列的密洛达—卢锡安博地尔洞，深1733米；

（3）奥地利拉姆普勒克索芬的佛格尔沙克特洞，深1632米；

（4）法国瑞苏·金·伯纳德洞，深1602米；

（5）西班牙的赛洛德库厄封洞，深1589米。

## 入口最高的溶洞

（1）巴西的格鲁塔·卡萨·德
佩德拉洞，215米高；

（2）马来西亚沙捞越的鹿洞，
120米高，100米宽；

（3）中国湖北利川的腾龙洞，
74米高，64米宽；

（4）美国新墨西哥州卡尔斯巴
德的刚赛特洞，53米高；

（5）前南斯拉夫的波特佩卡·佩
西那洞，50米高，20米宽。

○湖北利川腾龙洞

## 海拔最高的溶洞

（1）巴基斯坦的未名洞，海拔6765米；

（2）印控克什米尔的拉基奥特洞，海拔6645米；

（3）秘鲁的恰恰马查伊洞，海拔4930米；

（4）秘鲁的库瓦·德萨柯洞，海拔4800米；

（5）塔吉克斯坦帕米尔的让库尔斯卡亚洞，海拔4600米。

另外，还有单个洞厅（洞室）、竖井、地下河系统等记录：

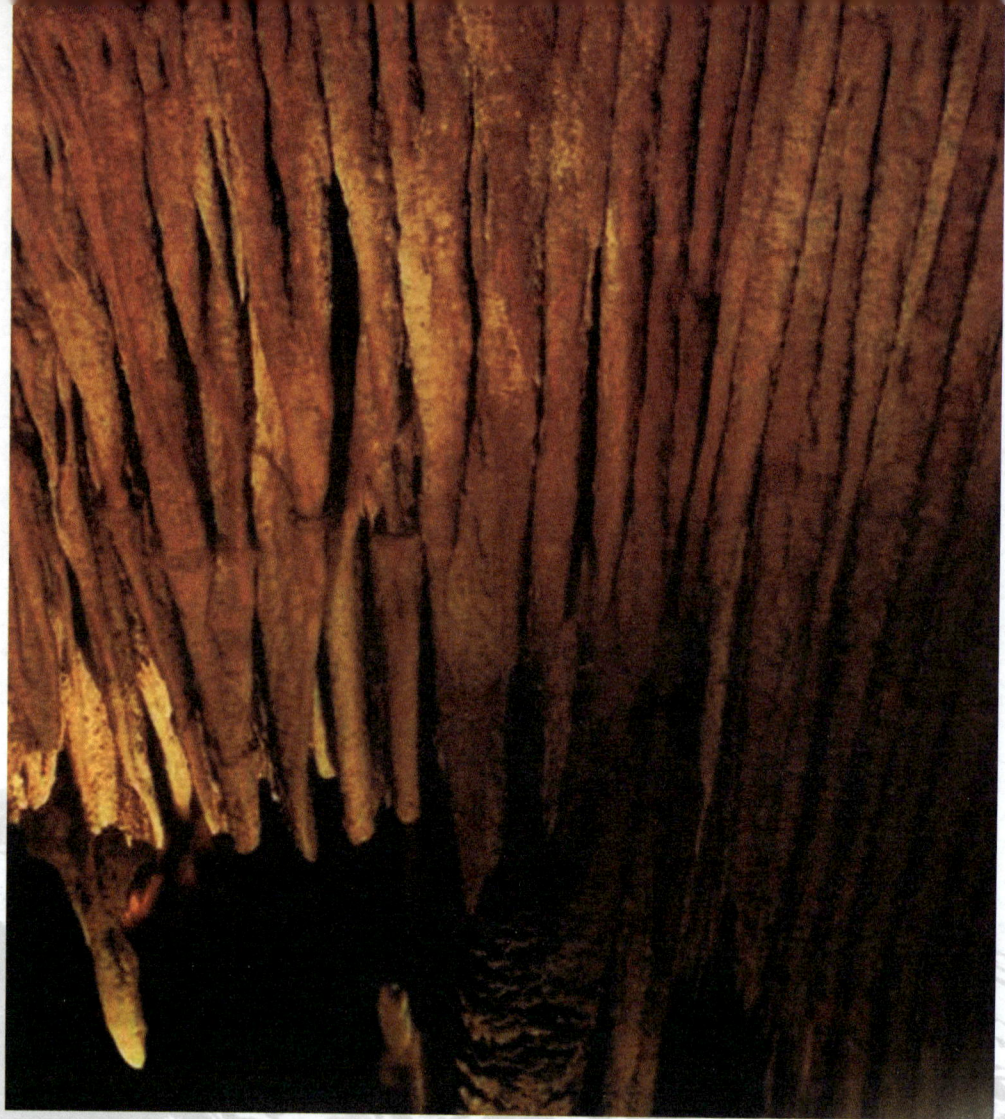

○美国肯塔基州的猛犸洞

## 最长的溶洞

（1）美国肯塔基州的猛犸洞，长563千米；

（2）乌克兰的乐观洞，长212千米；

（3）美国南达柯塔州的宝石洞，长209千米；

（4）瑞士的霍洛奇洞，长188千米；

（5）美国南达柯塔州的风洞，长294千米。

## 世界溶洞之最

世界上最大的单个溶洞大厅在马来西亚婆罗洲的沙捞越，单个洞室长600米，宽400米，高80米；世界上最深的竖井在斯洛文尼亚的维托格拉维加洞，深603米；其次是克罗地亚维勒比山的帕特考夫古斯特洞，深度553米。

目前已经探明的地下河系统数中国贵州罗甸的大小井地下河系统，流域面积达2000平方千米，称世界之最。

世界上最高的石柱在泰国的坦扫·亨洞，61.5米；

世界上最高的石笋在古巴的居瓦桑·马丁洞，67.2米；

世界上最长的单个钟乳在墨西哥的西斯特马·恰克莫尔洞，12米；

世界上最长的鹅管在墨西哥的无名洞，22米；

世界上最高的边石坝在伯里兹的阿克屯·阔托勃洞，22米；

世界上最长单条边石在埃及瓦地·桑努尔洞，610米长，20米高；

世界上最长的连接边石在土耳其天斯特普·马嘎拉洞，400米；

世界上最长的石瀑布在墨西哥的索托诺·特里尼达德洞，146～200米。

小朋友们，上面这些数字或许叫你们眼花缭乱，好在不需要你们死记硬背，这里只是告诉你们，世界上的溶洞很多，规模也很大。

# 几个世界名洞

溶洞是自然景观的重要组成部分。据国际旅游组织的统计，世界各国的溶洞，每年接待的游客在500万人以上。世界上已探明的溶洞数量以中国、美国和法国位列前茅。

溶洞的品类繁多，各具特色：有的以大见长、有的以奇称雄、有的五色缤纷、有的曲折幽深；有的钟乳、石笋琳琅满目，令人目不暇接；有的层层重叠，结构奇特，如同童话世界。下面我们选择世界上几个特大型的溶洞向小朋友们作些介绍。

## 猛犸洞溶洞"迷宫"

美国肯塔基州洞穴镇附近有一个猛犸洞国家公园，其中的猛犸洞溶洞群已经探明的地下通道长达563千米，深度为118米，是一个巨型洞穴系统，是目前为止人类在地球上发现的最长溶洞。猛犸洞共有上下五层，无数的地下通道，纵横交错，如同蛛网密布；洞内有59米高的猛犸拱顶、32米深的落水洞"无底坑"以及多处巨大的洞室，犹如会议大厅，壁上缀满熠熠生辉的晶体，或是五彩缤纷、形态多样的钟乳和石笋等漂亮的洞穴沉积。地下河流艾柯河和斯泰克斯河流经洞穴深处，蜿蜒曲折，水流清澈，船行其间，别具情趣。无数岩溶通道构成了猛犸洞错综复杂的地下"迷宫"，成为数以万计的人们游览观赏、探险猎奇的胜地。

猛犸洞形成于350万年以前，那时这里是一片浅海，海水中沉积了厚厚的石灰岩层，后来其上覆盖了砂岩。地下水在漫长的地质年代里穿过石灰岩层的裂隙，岩石受到溶解和侵蚀，逐渐变成巨大的缝隙和奇特洞穴。猛犸洞内发现有200多个不同类型的动物群和植物群化石，对于古生物、古气候、古环境的研究具有重大科学意义。1981年10月猛犸洞被联合国教科文组织批准为世界遗产，1990年9月被接纳为国际生物圈保护地。

## 玉树银花乐观洞

号称世界第二长洞的是奥普季米斯第塞斯卡亚溶洞，有人翻译成"乐观洞"，位于乌克兰西部的切诺坡尔县，发现于1966年。奥普季米斯第塞斯卡亚洞地下通道长度是192千米，与一般的溶洞有所不同，它是一座石膏洞，即地下水流溶蚀硫酸盐岩石的产物。岩洞内部结构复杂，岔道纵横，形成一座网络状迷宫的格局；洞穴沉积以石膏为主，巨大的单晶或组合成巨型的晶簇，造型极为丰富；　由于洞内有自然硫磺产出，黄色为基本色调；洞壁晶光闪耀，处处玉树银花，犹如珠宫贝阙，琼楼玉宇，美丽非凡。

## 童话世界勒丘圭拉溶洞

美国新墨西哥州卡尔斯巴德洞穴公园内的勒丘圭拉溶洞也是个庞然大物，它的地下通道长度是153千米，为当今世界第五长溶洞，不过，这里要说的是勒丘圭拉溶洞与众不同的特性。原来勒丘圭拉溶洞虽然也是石灰岩被地下流水溶蚀的产物，但这里的地下水既含有碳酸盐又含有硫酸盐，溶洞中生成了许多成分是硫酸钙的石膏晶体和成分是碳酸钙的文石晶体，它们或是以巨大的单晶体形式出现，或是呈细小晶体的集合体出现，形态千变万化，在灯光下晶莹闪烁，光彩夺目，好似满天繁星，真是美到了极点。其中最大的岩洞叫卡尔斯巴德洞，里面晶莹剔透，星光灿烂，仿佛童话世界；特别是卡尔斯巴德洞中产出的32种矿物都具有良好的结晶形态，称得上是矿物学家梦寐以求的乐园。

○美国勒丘圭拉溶洞沉淀

我国是一个多溶洞的国家，大江南北、长城内外，到处可以找到溶洞的踪影；其中尤以西南地区和东南沿海各省的溶洞最多。正由于溶洞很多，而且各有千秋，因此，要介绍我国的溶洞情况不是一件容易的事。而且，我们也不能简单地以溶洞的某项参数作为依据，就"安排"某溶洞是"第一"、某溶洞摘"桂冠"等等，只能选择一些具有不同特色的溶洞作些介绍，使小朋友对我国的溶洞有个粗略的了解。

我国众多的溶洞中，有的以规模巨大为特色；有的以复杂的多层结构远近闻名；有的以洞穴堆积繁多著称于世；有的以地下河流名闻遐迩；有的以洞内景观完备独树一帜。事实上，对于旅游者来说，各有各的爱好和不同的审美标准，有人喜欢气势宏大，有人喜爱小巧玲珑，有人乐意地下河泛舟，有人钟情灿若繁花的各种洞穴堆积。我国各类溶洞正好满足了各方面的需要。

湖南桑植的九天洞（总面积为2.5万平方千米）、贵州织金的织金洞(总面积为0.3万平方千米)、四川兴文的神风洞（0.2万平方千米）等属于国内最大级别的溶洞；还有如湖北利川的腾龙洞（地下通道全长39千米）、贵州绥阳双龙洞（地下通道全长35.2千米）、贵州都匀北溶洞（地下通道到全长40千米）、贵州息烽多缤洞（地下通道全长17.2千米）、湖南张家界索溪峪黄龙洞（地下通道全长11千米）等则是最长的溶洞。

## 神工鬼斧九天洞

面积宏大和通道悠长的溶洞是地下洞穴世界的骄子。例如，位于湖南桑植澧源镇西25千米的九天洞，洞分上、中、下三主层和五层高度不同的螺旋形观景楼台；共有36个大厅、12处地下瀑、5座天生桥、3个地下湖以及10余座洞中山峰；更有色彩绚烂的钟乳、石笋、石柱及各种变化无穷的石幔、石人、石花等洞穴沉积，令人眼花缭乱，应接不暇。其中，有三座"宫殿"：九天玉山宫、九天玄女宫和寿星宫，富丽堂皇，伟岸高耸，

神州处处溶洞多

犹如神工鬼斧，堪称奇观。九天洞以其宏大的规模和壮丽的气势，称雄亚洲。

## 熠熠生辉织金洞

  贵州织金洞是我国著名的大洞。织金洞坐落于织金县东北23千米的官寨乡，全洞拥有11个景区，150多个景点，通道长达11千米；特别是47个洞厅，空间宽敞，形态各异，别有情趣。织金洞内到处遍布钟乳、石笋、石柱、石塔、石花、石盾、卷曲石、月奶石等奇异罕见的洞穴沉积。其中塔林洞（又名"金塔世界"）面积16000平方米，错落分布着石塔100余座，晶光闪耀，幻如仙境；卷曲洞的顶棚上，密布数以万计的"卷曲石"，中空含水，熠熠生辉。织金洞无愧"国之瑰宝"的称号。

○云浮蟠龙洞石幔 "玉罗伞帐"

## 寒风凛冽神风洞

  四川兴文的神风洞，位于宜宾市郊；神风洞与神龙洞、神烟洞三洞相连，是"蜀南洞乡"溶洞群中最大的三个溶洞，其中神风洞面积最大。神风洞得名于洞内的凛冽寒风：进入岩洞3000多米，离地面垂直深度300多米处，一年四季都有一股强劲寒风吹出，令人遍体生寒，毛骨悚然。洞中精彩之处甚多，例如，有一石台之上，累累花果，大者如柚橘，小者似樱桃，玲珑剔透，惟妙惟肖，宛如雕刻精品，即使雕刻家见了，也要为之惊叹！洞中还有一厅堂，名"水晶宫"，壁间石花纷呈，如珊瑚、翡翠、琥珀，色彩斑斓，真是赏心悦目；还有层层叠叠的"石梯田"，田水澄澈如镜，甚为罕见。神风洞是一个特殊形式的溶洞，是目前我国已经发现的最大的落水洞式的溶洞。

# 绚丽夺目七星岩

广西桂林的七星岩是我国最早开发和进行科学考察的溶洞之一，迄今已有1400多年的历史，明代徐霞客曾经两次进洞探查。洞内分上、中、下三层，上层高出中层8～12米；下层是现代地下河，常年有水；中层距下层10～12米。目前对游人开放的是中层，犹如一条地下天然画廊，长达800米，最宽处43米，最高处27米。洞内钟乳石遍布，洞景神奇瑰丽，琳琅满目，状物拟人，无不栩栩如生。主要景点有石索悬锦鲤、大象卷鼻、狮子戏球、仙人晒网、海水浴金山、南天门、银河鹊桥、女娲殿等。景物奇幻多姿，绚丽夺目。七星岩开发年代久远，隋、唐时期即为当地名胜，历来就是文人墨客流连聚会的佳处，留下许多题咏，壁上石刻甚多。

○野三坡仙栖洞石柱林

# 幻如仙境瑶琳洞

浙江杭州桐庐的瑶琳仙境是一处景色壮丽的地下洞穴世界。面积约9平方千米，里面包含以瑶琳洞为主体的11个溶洞和3千米长的地下河流。瑶琳洞有7个洞厅，最大的洞厅长170米，宽40～70米，高为10～37米，就像一座巨大的地下大礼堂，可容纳近万听众。瑶琳洞内堆积物种类极多，例如"百景厅"内的莲花状石钟乳，花瓣含露，美丽动人；第一洞厅奇景"石幔垂台"的前缘，悬挂着数盏宫灯，帘幕静垂，气氛安宁，如在深宫；"瑶琳华表"是高达7.2米的石柱，简直可以乱真。瑶琳洞中石瀑布也是一绝，高7米，宽13米，石瀑布上满是方解石的晶体，洁白晶莹，在灯光投影下，仿佛真的水流飞泻，十分逼真。

○湖南索溪峪黄龙洞内"金玉良田"

# 美不胜收凌霄岩

广东云浮阳春的凌霄岩是我国的国家地质公园。凌霄岩全洞分为四层，第一层是一条纵贯全洞的地下河，阳春和邻县的乡民，来来往往都要从这条地下河上通过。溶洞的第二层是一个有60米高、跨度为120米的岩溶大厅，数不清的石笋、石柱耸立其间，其中19根洁白的"擎天玉柱"矗立在大厅周围，构成了富丽堂皇的"皇家宫殿"，蔚为壮观。大厅内，有的石柱如"罗汉松"，高达数十米，有的像层层叠叠的"蘑菇山"，更有银光闪烁的"玉柱琼台"。现在，这个大厅被命名为凌霄大殿，是凌霄岩溶洞的独特景观。凌霄大殿的上方，还有第三层、第四层，每一层都有不同的岩溶景观，到处是形态各异的石钟乳、石笋和石柱等，称得上琳琅满目，美不胜收。

○石花洞石瀑布

# 变化无穷望天洞

辽宁桓仁县的望天洞位于雅河乡弯弯川村东70余米高的山顶上。这个溶洞规模不小，总长7000余米，洞内最大的厅6000余平方米，可容纳万人，洞内的迷宫更为奇特，所以有"北国第一洞，迷宫世无双"的说法。迷宫分上、中、下三层，洞中有洞，洞洞相连；门中有门，门门可通；环环相套，故称迷宫。人入其内，多条通道外貌相似，偏偏方向各异；往复循环，辗转多时，又回到原处，令人顿生乐趣，大开胸怀。望天洞内的钟乳、石笋等也十分美丽，它们多姿多彩，变化无穷，如峰如岭、如塔如佛、如花如瀑、如林如柱，各具神韵。

我国的溶洞数量之多，不胜枚举，而且还在不断地发现之中。小朋友们，还是等你们长大了，迈开你们的双脚，走向溶洞世界，亲自去探索吧！

# 溶洞里的峡谷

峡谷与溶洞，一个在地上，一个在地下，本来没有什么关系。然而，"大千世界，无奇不有"，大自然又"创造"了一个奇迹。不久前，我国山东省沂水县城西南8千米处的龙岗山下，发现了一个长条形的大溶洞龙岗洞——长达6100米的地下大峡谷。这个溶洞形成于20万年前，是大自然神奇的妙手，沿着巨大的石灰岩裂隙精心雕琢出来的杰作，也是举世罕见的溶洞里的地下峡谷。

## 龙岗洞大峡谷

这座藏身在溶洞中的地下大峡谷，实在是天造地设的奇景。溶洞最高达30多米，最低处钟乳石倒悬接地。洞中有高达数十米的峭壁，有花饰繁多的天穹，有深不见底的洞下石隙，有似银河倒泻的天瀑；而且，洞中有洞，峡中有峡，石上有石，景中有景。大量五彩缤纷、千姿百态的钟乳、石笋、石柱、石旗、石幔以及鹅管石点缀其间，宛如满天繁星，满园奇葩，仿佛身入扑朔迷离的童话世界，令人不得不感叹造化之神奇！更为奇特的是，"峡谷"内的地下暗河，水色清碧，激流奔腾；峡谷迂回曲折，宽处可容百余人并排而行，最窄处只能一人通过；与洞中9大景区、100多个景点珠联璧合，构成了一幅雄奇瑰丽的洞中峡谷画卷。经过洞穴专家巧妙的设计和布置，现在"大峡谷"已经有500余米长河段可以供游人漂流，首开国内洞穴漂流的先河。下一步漂流长度可延长到2500米。每当游人乘坐橡皮艇漂流时，只觉得人在艇中坐，艇在画中游；时而浪轻波平、稳稳如漂如浮；时而水势汹涌，如渡险滩急流。让人充分感受"地下

峡谷"漂流兴奋、紧张、惊险的愉悦和刺激，同时尽情欣赏峡谷两侧和洞顶各种奇异的景观，与在三峡、漓江、九曲溪等地上江河游览、漂流相比较别有一种独特的乐趣。

沂水地下大峡谷洞穴深邃曲折，景点丰富多彩。幽峡、深洞、暗河、急流彼此有机结合，相互辉映成趣，彰显洞穴与峡谷二者之长，形成了地下峡谷特有的景色，目前为国内仅有。　特别是地下峡谷的漂流，于2004年7月得到上海大世界吉尼斯纪录总部认证，被誉为"中国地下河漂流第一洞"。

## 桃姑迷宫洞也有地下大峡谷

其实，我国安徽省广德县的独山镇也有一处地下大峡谷，不过它对外的名称是桃姑迷宫洞。桃姑迷宫洞是一座风貌奇特的地下溶洞，景区面积为31.4万平方米，游览路线1800米；已开放18个洞厅，53门，24峡等200多个景点。洞内尤以"大峡谷"闻名于世，如飞天峡悠长曲折，玄武峡开阔宽敞，回步峡迂回迷离，人行其间而莫辨东西南北；还有古吟峡内别有洞天。人们用"峡深谷险，峭岩怪石；移步换景，奇幻莫测"来描绘桃姑迷宫洞和洞内的峡谷，倒也恰如其分。

中华大地奇景处处，溶洞里的峡谷可以算是奇中之奇。小朋友，你们同意吗？

小知识

桃姑本是王母娘娘的侍女，因故受罚，贬谪下凡，在太白金星的帮助下居住于安徽广德独山的桃园。她心地善良、禀性谦和、精通医道，颇有妙手回春的本领，时常为四周百姓送医送药，排忧解难，深受周围百姓的喜爱。因她终年在桃园操劳，人们不知其姓名，就亲切地称她为桃姑。桃姑迷宫由此得名。

近年来，在我国一些岩溶发育地区发现了若干巨大的"坑穴"，四周被万丈峭壁陡崖所包围。从坑缘望下去，黑洞洞的，显得十分神秘，扔一块石子下去，半天才听到响声，简直深不可测。当地人把这种深坑称为"天坑"、"龙缸"或者形象地称为"石围"、"石院"等。

## 天坑没有英译名

对于这种"天坑"，目前学术界存在不同的看法，有的专家认为，所谓的"天坑"就是崩塌型的岩溶漏斗，是岩溶地貌的一种。南欧巴尔干半岛的斯洛文尼亚就以巨型的岩溶漏斗闻名于世。但也有学者认为，天坑与岩溶漏斗不完全相同，因为岩溶漏斗基本上是流水沿着岩层中的垂直裂隙对岩石从上到下的溶蚀形成的，而天坑的形成，除了通过流水溶蚀形成岩溶洞穴外，还包括了洞穴顶板的垮塌和流水搬运崩塌的碎屑石块等过程。笔者倾向于后者的意见，把

# 顶盖垮塌了的溶洞

# 天坑

天坑看成是岩溶洞穴顶板垮塌后的产物；因此，将本节的标题确定为"顶盖垮塌了的溶洞——天坑"。

从已有资料看，目前国外还没有对应"天坑"的英译名称。因此，"天坑"的英译就直接采用汉语拼音"Tiankeng"。从这个意义上说，迄今为止，天坑可以说是中国特有的一种地貌形态。下面涉及

○奉节的小寨天坑，世界最大的天坑

我国的"天坑"与国外相应资料比较时，对应的就是岩溶漏斗。

世界上岩溶漏斗发育的地区是美国、墨西哥、前南斯拉夫地区、新几内亚、巴布亚和我国等。我国已经发现的"天坑"主要在重庆的奉节、武隆，广西的乐业、云南的沾益、四川的兴文以及北京的上方山等地。其中，奉节的小寨天坑群、乐业的大石围天坑群最为著名，前几年，有好几个国外探险队与我国的洞穴和岩溶专家合作，对以上天坑群进行了联合科学探险和考察。

## 小寨天坑

重庆市境内已发现有9座天坑，其中奉节的兴隆镇的小寨天坑是世界上岩溶漏斗中最深的，它的口径南北向为357米，东西向为268米，深度为662米，总容积为110.328万立方米，在深度和容积上都位居世界首位；这个数字远远超过了世界上最大的美国阿里西波岩溶漏斗，阿里西波岩溶漏斗的上部口径为333米，深度是70米。小寨天坑的特点是保存良好，形态完美，从地表可以看得十分清楚；同时小寨天坑的地下河系统非常壮观。在小寨天坑的西面有一条长20多千米的死胡同式的峡谷，人称"地缝"，"地缝"与"天坑"珠联璧合，大大提高了奉节地区的旅游价值。这里顺便提一下，不久前我国四川的兴文发现了巨型岩溶漏斗，上部口径为650米，深度是490米，也大大超过了美国的阿里西波岩溶漏斗。

# 大石围天坑群

广西乐业的大石围天坑群，经过中、美、英、日、法等十多个国家的专家科考论证，在20平方千米范围内已确定天坑28个，天坑的数量和分布密度世界绝无仅有。乐业大石围是一个集地下溶洞、地下原始森林、珍稀动物及地下暗河于一体的巨型天坑。天坑底部林中有洞，洞中有河，地下暗河通道中的石笋挺拔成林，钟乳晶莹透亮，具有很高的观赏价值。 全世界13个超大型天坑（岩溶漏斗）中，乐业占据7个，因此，乐业县被誉为"世界天坑之都"、"世界天坑博物馆"。 目前乐业大石围天坑群已获得"国家地质公园"、"国家森林公园"、"国际岩溶与洞穴探险科考基地"、"中国青少年科学考察探险基地"四大称号，正在积极申报"世界地质公园"和"世界自然遗产"。

天坑具有重要的科学和旅游价值，作为一种特殊类型的洞穴向世人展示出无穷的魅力。

# 洞穴的另类

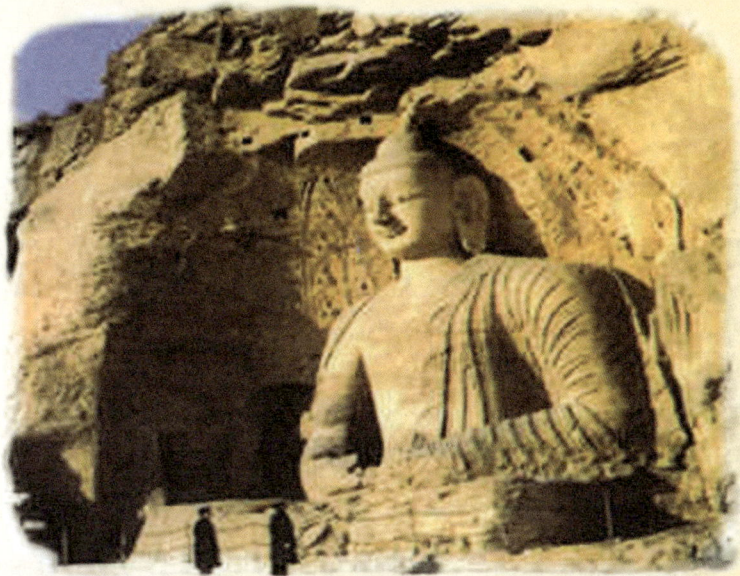

# 人工开凿的洞穴

　　世界上还有一类洞穴，它们是人工开凿的，或者是在天然岩洞的基础上经过人工加工改造过的。从历史演化过程看，这类洞穴主要有两种用途，一种与宗教活动密切相关，一种与军事或国计民生有关。

## 宗教洞窟

　　小朋友可能都知道，我国著名的佛教六大石窟是敦煌莫高窟、洛阳龙门石窟、大同云冈石窟、天水麦积山石窟、固原须弥山石窟和永靖炳灵寺石窟。这六大佛教洞窟以及其他的许多佛教洞窟，不仅为宣扬佛教教义、吸引善男信女朝拜和推动佛教的发展发挥了巨大的历史作用，而且为保存我国古代珍贵的文化艺术立下了不可磨灭的功劳。这些洞窟中的佛像、壁画、经卷等都已成为中华民族的稀世珍宝。同时它们又都被联合国教科文组织接纳为世界文化遗产，

○龙游石窟

加以重点保护，因为这些洞窟不仅属于中华民族，同时属于全人类。

我国的道教洞窟相对较少，一般不大为人所知。其中，最为著名的当属位于山西省太原市西南20千米的龙山道教石窟。龙山石窟是我国罕有的道教石窟之一，开凿于元代初年。石窟共有8个洞窟，共有石雕像40余尊，雕像内容各不相同，而且保存完好。这些石雕，风格朴实、庄重，手法凝练，衣饰雕饰简洁、素净。与佛教石窟的雕塑风格有明显的差别。部分石窟顶部雕有莲花、龙凤等图案，局部留有元代题记，是研究元代道教发展史以及石窟艺术的重要资料。此外，湖北沮水两岸有道教的石窟群，包括当阳的清溪山、远安的鸣凤山云霞洞、鹿苑寺等处；四川绵阳玉女泉、蒲江飞仙阁、剑阁鹤鸣山以及丹棱龙鹄山等处也是道教石窟，我国著名建筑学泰斗梁思成先生曾在那些地方做过考察。还有个别佛教石窟群中间有道教的石窟，如重庆大足县城以南2千米的南山，现存六个石窟，以真武洞、三清古洞、圣母洞和龙洞为代表，共有大小造像将近500尊。

因宗教原因开凿的洞穴，世界各地都有，例如首批列入世界文化与自然遗产名单的保加利亚著名的伊凡诺沃岩洞教堂，就是一系列教堂布设在山崖的岩洞里，外面再用栈道和拱廊连接起来的。

## 军用人工洞穴

人工洞穴的另一种功用是军事目的。近代社会的防空洞和地下掩蔽所都是人工开凿的洞穴。在过去年代的战争中发挥过特有的作用，今后对于某些战争也还有相当的作用。此外开凿岩洞用作储物仓库、开办军火工厂的也不少，这里就不再多说了。

这个山洞是他造的吗？

不，这个山洞是为他造的！

# 谜 窟

　　不过，值得一提的是近年来我国发现了几处"谜窟"，即不明用途的地下人工石窟。例如，安徽的"花山谜窟"，位于黄山市中心城区屯溪近郊，为人工石窟群，开凿于红色砂岩中，口小内大，点多面广，形态殊异。方圆5平方千米，分布有石窟36处，石柱最高约30米。规模壮观，气势恢宏，堪称中华一绝。其所建年代、建造目的、如何建成等均为"千古之谜"，无人能解。又如，浙江省龙游县郊的凤凰山底下，20世纪末发现了一个地下石窟群：7个石窟总共24个洞室，气势宏大壮伟：四根顶天立地的石柱，支撑着二三十米高的宏大石室。洞顶呈45度向内倾斜，顶部及四壁有规则地刻着纹理匀称的装饰纹；其中1号洞的石壁上还刻有马、鸟、鱼类的图形。这些石窟的发现，闹得疑云四起，在国内外引起轰动。有专家认为这些石窟是继埃及金字塔、中国万里长城等世界八大奇迹后的"世界第九大奇迹"。国内国际考古界、建筑界、史学界的专家学者，纷纷光临这些石窟开展考察研究，争取早日破解谜团。

　　小朋友们，你们对"谜窟"有什么样的想法呢？

# 洞穴的利用

前面已经提到，我们的老祖宗起初是利用洞穴作为居住和生活场所的，这是根据我们在洞穴那发现的古人类化石以及他们的生活遗迹来确定的。到今天为止，我国发现这样的洞穴已有十数个，其中最著名的是1929年发现第一个北京猿人头盖骨的北京周口店龙骨山猿人洞，距今已有近50万年的历史了。当然，随着人类社会文明的进步，洞穴空间逐渐丧失了作为人类主要生活居住处的功能。那么时至今日，洞穴还有什么用处呢？

## 军用人工洞穴

人工洞穴的另一种功用是军事目的。近代社会的防空洞和地下掩蔽所都是人工开凿的洞穴。在过去年代的战争中发挥过特有的作用，今后对于某些战争也还有相当的作用。此外开凿岩洞用作储物仓库、开办军火工厂的也不少，这里就不再多说了。

## 观赏旅游

今天，洞穴是一种重要的旅游资源，在全球的自然景观中洞穴占有很重要的位置。洞穴景观有着广阔的市场前景和巨大的潜在经济效益。据著名旅游学家Cigna(2000)根据全球150个旅游洞穴的统计，年游客量达2500万人，如果按每人洞穴游览的消费15.5美元计算，总消费额可以达到23亿美元。我国对游客开放的洞穴有300多个，每年要接待数百万游人。

## 宗教活动

洞穴是宗教活动的良好场所。除了古代佛教和道教石窟外，有的寺院和道观就修建在洞穴之内，香火十分兴旺。例如浙江雁荡山的合掌峰山洞内的观音堂，贵州贵阳仙人洞内的道观等。国外也有一些教堂修建在洞穴内的。

## 物品储藏和日常生活使用

洞穴里面一般温度稳定，常常被用作仓库。由于洞穴比较僻静，又可用来作为厂房，开办兵工厂生产武器军火等。

有些地方利用洞穴开办商店、旅社、学校、电影院等。洞穴中的地下水有时被开发成矿泉水饮料。

## 矿产开发和水利水电开发

洞穴中有时蕴藏石膏、冰洲石、水晶、磷块岩、硝土等矿产，可以开采为世人所用。

引用洞穴中的地下河水进行灌溉和发电等，如广西桂林冠岩地下水坝和引水隧洞，贵州织金洞水淹塘溶洞电站等，都在发挥这方面的效用。

## 特种农产品培育

洞穴的温度、湿度等环境条件有利于某些农作物的生长，可以用来人工培植蘑菇等；有些洞穴出产燕窝之类营养品，如云南建水的燕子洞。

## 科学考察

某些洞穴是考古、生物、地质、水文等科学考察的重要对象，某些特殊的洞穴结构、洞穴堆积可能蕴涵着宝贵的科学信息。

不过，在利用洞穴的时候，还应该认真研究洞穴的环境和特点，某些洞穴可能存在一定的隐患。我们必须注意到洞穴不利的一面，采取必要的应对措施。这样，对洞穴的利用才是安全可靠的。

# 第三部分

# 冰川赏奇

　　与峡谷和洞穴相比，人们对"冰川"的熟悉程度要差多了，那是因为冰川主要分布在两极地区和海拔很高的山上，平时我们不容易见到。但是，冰川也是一种重要的自然景观，它具有的奇特魅力并不逊于峡谷和洞穴。我相信绝大多数的小朋友们没有见过冰川，对冰川会有浓厚的兴趣。下面就让我来介绍一些有关冰川的知识吧。

# 流动的冰——冰川

小朋友们都知道，在地球两极和高海拔的高山地区，气候严寒，降雪终年不化。当大量的降雪积聚在地面上后，由于受到本身的压力作用或经重结晶而形成雪粒，称为粒雪。随着雪层加厚，粒雪越埋越深。在压力和重力的双重作用，粒雪变得愈加致密，形成蓝色的天然冰体，并具有一定的塑性。一般说，固态的冰是不会流动的，但是上面讲的那种冰体因受自身重力的影响，加上冰体的空隙里包含着水，像润滑油一样，促使冰体沿着一定地形坡度向低海拔方向流动。这种流动着的自然冰体就叫做冰川或冰河。

## 冰川为什么会流动

当然，冰川流动的速度是相当缓慢的，流动速度与地形坡度有直接关系；冰川流动日平均不过数厘米，快的也不超过数米，所以肉眼觉察不出冰川是在运动的。格陵兰的一些冰川，运动速度居世界之首，但每年也不过"流动"千余米而已。其他地区的冰川，像阿尔卑斯山某些著名的冰川，年流速不过80～150米。我国西藏珠穆朗玛峰北坡的绒布冰川，年流速为110多米，是我国流速最大的冰川；但是同样是珠穆朗玛峰的冰川，有的几乎纹丝不动，流动速度每年只有几米。此外，冰川运动的速度随季节而变

○北极冰川

化，总的趋势是夏季快、冬季慢。我国天山和祁连山的冰川，夏季运动速度一般要比冬季快50%（均指冰川前端的冰舌而言）。造成这种差别的原因之一是冰川温度的变化。当冰川增温时，冰的黏度迅速减小。科学家的观察结果告诉我们，从-20℃增高到-1℃，冰的黏度随温度做近直线的下降。黏度减小使冰川的塑性增加，因而冰川"流动"速度加快。夏天气温升高，冰川内部及底部出现融水，这是促进冰川加快"流动"的另一个原因。

## 冰川与人类的生存息息相关

地球表面10%的面积被冰川覆盖，99%左右的冰川分布在地球的两极，其中最重要的是南极大陆和格陵兰岛。南极大陆冰川占全球冰川面积的85%，格陵兰占12%，余下3%的冰川分布在高山地带，如中国西部和中亚的高山高原地区。

对于居住在我国东部或南方的人来说，大约很少有人见过冰川，因此，冰川在我们一般人的心目中似乎与人类的关系不大。其实，冰川与人类的生存、繁衍和日常生活有着密切的联系。我们的母亲河长江和黄河就发源于冰川。从某种意义上说，没有冰川融水的哺育，恐怕也就没有中华民族的文明。我国新疆天山脚下广阔富饶的牧场，靠的是天山冰川融水的灌溉；著名的河西走廊绿洲，如果离开了祁连山冰川融水的滋养，留下的只能是一片黄沙。所以，人类关注冰川、观察冰川、研究冰川是理所当然的。现在，让我们一起走进与人类生存环境息息相关的冰川王国吧。

## 小知识

### 世界冰川区

| 地区 | 面积 (km²) | 地区 | 面积 (km²) |
|---|---|---|---|
| 南极洲 | 12700000 | 加拿大西部 | 25000 |
| 格陵兰 | 1800000 | 冰岛 | 12000 |
| 加拿大离岛群 | 153000 | 斯堪的纳维亚 | 4200 |
| 中国西部及中亚高山 | 125000 | 阿尔卑斯山 | 3600 |
| 斯匹茨卑尔根群岛 | 58000 | 高加索山 | 2000 |
| 苏联所属北极群岛 | 54000 | 新西兰 | 1000 |
| 阿拉斯加 | 52000 | 美国 | 530 |
| 安第斯山脉 | 25000 | 其他 | 800 |

### 世界著名的大冰川

| 名称及地点 | 面积(km²) | 长度(km) |
|---|---|---|
| 瓦那冰岭, 冰岛 | 8400 | —— |
| 马拉斯皮那冰川, 阿拉斯加 | 5000 | 100 |
| 费茨成柯冰川, 帕米而高原 | 1350 | 77 |
| 约斯达布连冰川, 挪威 | 855 | 70 |
| 大阿莱奇冰川, 瑞士 | 115 | 26 |

○喜马拉雅山冰川

有关冰川的分类和名称，科学家们的认识不完全一致，但是大多数的学者，根据冰川的成因和形态，将地球上的冰川分为两大类：一类叫大陆冰盖，一类叫山岳冰川。大陆冰盖主要分布在南极和格陵兰岛。山岳冰川则分布在中、低纬度的一些高山上。全世界冰川面积共有1500多万平方千米，其中南极和格陵兰的大陆冰盖就占去1465万平方千米。因此，山岳冰川与大陆冰盖相比，面积规模极为悬殊。大陆冰盖的厚度可以达到3000米，呈圆形或椭圆形分布。

## 南极大陆的冰盖

无边无际的大陆冰盖将南极大陆和格陵兰的高山深谷全都掩盖了起来，只有极少数的高峰在冰面上露出个尖顶。辽阔的南极大陆，过去一直是个谜，因为厚厚的冰层掩盖了南极大陆的真面目。近年来，人类对南极大陆进行了广泛

冰川的种类

地考察，科学家们运用地球物理勘探的方法发现了南极冰盖下面的岩层，还有许多小湖泊，这些湖泊里竟然有生命存在，显示了生命忍受恶劣环境的能力。

我国的冰川，都属于山岳冰川。就是在数百万年以前的第四纪冰川最兴盛的冰河时期，冰川规模到达最大，但也没有发育成为大陆冰盖。以前有很多专家认为，青藏高原在第四纪的时候曾经被一个大的冰盖所覆盖，现今国外还有一些专家持这种观点。但是经过详细的考察和论证，我国的冰川学者基本上否定了这种观点。

## 山岳冰川

山岳冰川又可以分为山谷冰川和山麓冰川两种。山谷冰川是指发育于高山或雪线以上雪原中的冰川沿着山谷向低海拔方向"流动"，并越过了雪线，这样的冰川称为山谷冰川。山谷冰川以雪线为界，有明显的冰雪累积区和冰雪消融区。山谷冰川长可由数千米至数十千米，厚达百米。如果单独存在的一条冰川，叫单式山谷冰川；由几条冰川汇合的叫复合式山谷冰川。山麓冰川是指山谷冰川"流"出山谷，到达比较平坦的山前地带（或称山麓地带），扩展或汇合成一片广阔的冰原，具有相当大的面积，流动减慢，这时就称之为山麓冰川。

以上各种不同类型的冰川是可以互相转换的，当雪线降低，山谷冰川逐渐扩大并向山麓延伸，就成为山麓冰川，当气候不断变冷，积雪增加，范围扩大，山麓冰川有可能不断地向平原扩展，同时由于冰雪加厚而掩埋高山深谷，从而转化为大陆冰川。

©山岳冰川脚下的民居

# 地球历史上的冰期

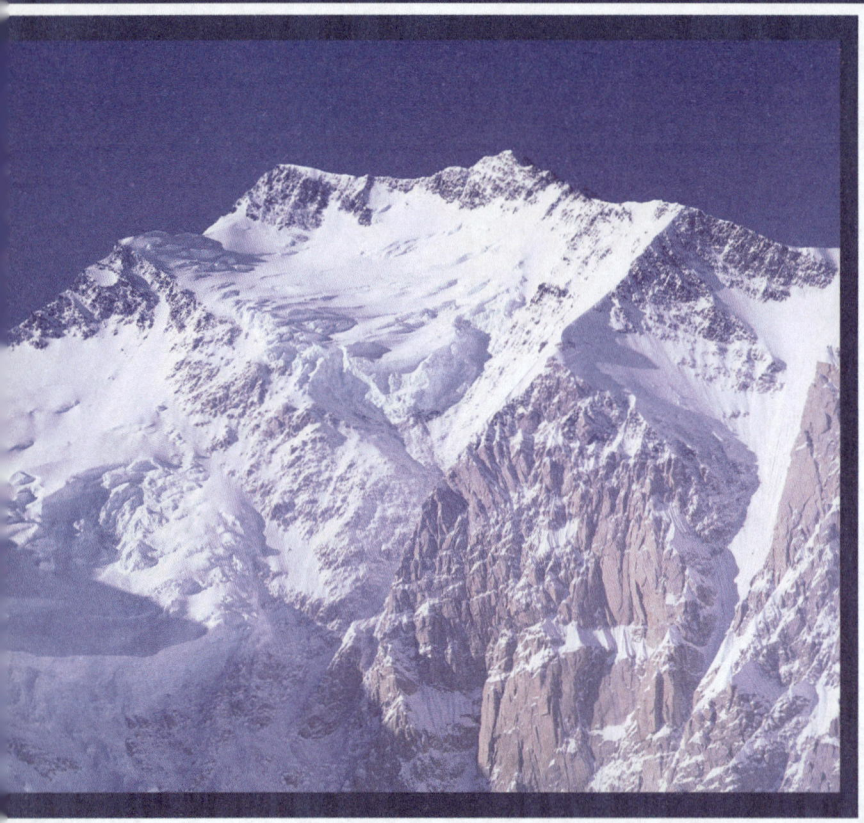

　　根据地质学家的研究，我们知道，在过去的地质年代里，巨大的冰层曾经覆盖在地球的绝大部分表面上，包括现今并没有冰川分布的地方，换句话说，在地球历史上，冰川延伸的范围要比现在大得多。具体的说法是：更新世时期（距今大约250万年的地质时代）是冰川分布最广的时代，北半球很多区域都被大陆冰川所覆盖，覆盖面积差不多是全球陆地面积的29%。后来，因全球气候变化，冰川逐步融化、消退，直至现在冰川的面积只占陆地面积的10%。

## 地球历史上的冰川时期

　　根据对地层中冰川沉积物的特征和分布的研究，科学家们追溯地球上的冰川期，发现地球上冰川已经有很长的历史了。而且，冰期也有过多次变化，不同地质时期，冰川的分布时大时小，有所谓的冰期和间冰期之分。下表列出了地球历史上的冰川时期。

## 地球历史上的冰川时期

| 距今年代（百万年） | 地质时代名称 | 地　点 |
| --- | --- | --- |
| 0～2.5 | 更新世 | 北半球 |
| 235～320 | 石炭——二叠纪 | 南半球（南美洲、非洲、印度、澳洲） |
| 410～470 | 奥陶——志留纪 | 非洲、南美洲、欧洲、北美洲北部 |
| 570～680 | 前寒武纪晚期 | 欧洲、澳洲、格陵兰、纽芬兰、巴西、阿尔及利亚、中国 |
| 740～825 | 前寒武纪早晚期 | 澳洲、欧洲、西伯利亚、中国、北美洲、非洲 |
| 950 | 前寒武纪 | 非洲、亚洲 |
| 2300 | 前寒武纪 | 北美洲 |

## 恐龙的灭亡可能与冰川有关

小朋友们可能听说过，地球上的庞然大物恐龙的灭亡与冰川有关。有的科学家说，在中生代时，特别是侏罗纪时代，爬行类动物恐龙统治了整个地球。那时的地球，气候炎热，湿润多雨，树木繁茂，森林遍地。因此，恐龙能够有足够的食物，保持它们家族的繁荣。然而，由于某种原因，地球气候突然变冷，冰期来了。很快，千里冰封，万里雪飘，到处天寒地冻，结果是树木死亡，森林消失，恐龙失去了食物的来源而灭绝了。这个例子也说明，冰川在地球演化的历史上有着举足轻重的地位。

地球上的冰川，本身是一种水资源，也是一种旅游资源，同时它们与江河水流一样，也是造就大地表面千姿百态的"雕刻家"。地球历史上曾经发生过多次冰期，地球上也留下了许多冰川的遗迹。冰川遗迹是冰川作用于地球表面遗留的痕迹，它们具有特殊的外貌形态，对研究冰川的演化历史具有重要的价值。我国的地质学家已经在国内找到了许多冰川的遗迹。我国的最后一期冰川发生在中更新世末期前后（大约11.5万年以前），冰川的遗迹相当清楚。总的看，西部地区冰川遗迹多而明显，而在中东部地区，冰川的遗迹相对稀少而分散。

我国的冰川遗迹

## 东西南北的冰川

在云南的大理——苍山、玉龙——哈巴雪山以及白马雪山发现有很好的冰川地貌，如角峰、刃脊、冰斗和各种冰碛物。新疆的哈纳斯地区，保留有冰蚀——冰碛湖及羊背石等冰川侵蚀产物，在博格达天池和阿尔金山等处也发现有冰川遗迹。甘肃祁连山、兴隆山和四川螺髻山、黄龙寺等地也找到了冰川活动的痕迹。

　　绵延于甘川之间的岷山主峰，海拔5588米的雪宝顶以及周围的十余座山峰的山麓，分布着近百个大小不等的冰碛湖和冰川堰塞湖，玉屏峰北坡还保存着一条完整的第四纪冰川底碛。自距今大约3万年的时候，冰川开始退却，地下泉水上升，泉水中析出五色斑斓的钙华，形成了今天著名的黄龙寺奇观五彩梯池。在昆仑山口、唐古拉山口，还可以见到大块的冰川漂砾，附近还有冰碛型沙金矿、冰蚀盆地以及冰碛垄等冰川遗迹。

　　我国中部地区只是在少数高山保存有明显的冰川遗迹。例如，秦岭主峰，陕西眉县的太白山上就有古冰川活动，雕琢出来的典型冰川地貌：冰斗、角峰、刃脊、冰槽谷及羊背石等。在山麓的深谷中，还有"四湖串珠"奇景，实际是冰川侵蚀作用留下的四个冰蚀湖。

## 李四光发现的冰川遗迹

　　江西庐山冰川遗迹的发现是我国冰川科学研究的一段史话。著名地质学家李四光在1931～1932年期间首先提出庐山存在古冰川遗迹，随之引发了三次大争论。近年庐山冰川遗迹的研究获得了新的进展，发现了大排岭冰碛剖面和金锭山冰碛层等大量证据，为确认庐山的冰川遗迹夯实了基础。

　　安徽黄山的冰川遗迹是李四光教授1936年发现的，得到了国内外学者的肯定。黄山冰川遗迹包括多处冰川擦痕、天都角峰、鲤鱼背刃脊以及桃花谭冰臼等。不过，近来国内有学者提出了不同见解，对黄山冰川遗迹问题还可能进一步展开争鸣。

# 我国有众多的冰川遗迹

小朋友们可能去过北京西山八大处，那里有巨大的冰川漂砾，附近的模式口有冰川擦痕，这些都是冰川活动的证据。模式口的中国第四纪遗迹陈列馆已成为北京的一个科普教育基地和旅游点。

在我国的吉林省长白山天池附近发现有冰川U谷，山东省泰山的后石坞发现有冰斗谷地，宁夏回族自治区贺兰山发现冰斗遗迹，我国台湾雪山山脉也有冰川遗迹。此外，安徽的大别山、江西的三清山、浙江的天目山、山西的大同、湖北的三峡、河南的嵩山等地也发现有不同时代的古冰川遗迹。

# 小知识

为了使小朋友们更好地理解冰川，这里对冰川遗迹的若干名词做以下简要的解释：

冰斗：由冰川侵蚀作用造成的三面环山，后壁陡峻的半圆形洼地。它的出口前方常常有突起的岩坎，整个地形呈匙状。一般形成在雪线附近，是确定冰川遗迹的重要标志。

角峰：由三个或三个以上的冰斗包围的、岩壁陡立的金字塔形山峰，是典型的冰蚀地貌的一种。

刃脊：又名鳍脊，是两坡陡峻，中间尖薄，如同刀刃或鱼鳍那样的山脊，也是典型的冰蚀地貌的一种。

冰川槽谷：又名冰蚀谷、幽谷或U形谷。它是冰川运动过程中磨蚀和掘蚀冰床岩石形成的，谷底宽敞，两坡陡立，横剖面呈U形，谷中常常保留冰碛物和各种冰蚀痕迹。

冰川擦痕：冰川携带的砂石在冰川的运动过程中摩擦底部或侧壁岩石留下的特殊痕迹，是鉴别冰川遗迹的一种标志。

冰碛物：冰碛是冰川搬运堆积的各种物质的总称。它不分层理，大小混杂，无分选性，砾石排列无方向，磨圆度差而有磨光面等，是判断冰川活动的重要依据。

冰川漂砾：冰川搬运的巨大岩块，有的直径可达10～20米。冰川漂砾有时具有摩擦面，上有擦痕，是很有说服力的冰川遗迹的证据。

# 雄伟壮丽的冰川风光

铁马冰河入梦来

　　无论是现代冰川还是古冰川的遗迹（各种特殊的冰川地貌），不仅具有重要的科学意义，而且还是一种奇特的自然景观，具有重大的旅游开发价值。有人说冰川风光为"冰冻的美丽"，这样的表达很有创意。随着国家旅游事业的发展，越来越多的冰川景观引起人们的关注。铁马冰河那种雄伟壮美、气势磅礴的奇丽风光正在逐步进入我们的视野。

　　小朋友们都念过南宋爱国大诗人陆游著名的诗句：夜阑卧听风吹雨，铁马冰河入梦来。这里，"铁马冰河"是边疆风光的写照，是爱国热情的表露。为什么诗人要用冰河（冰川）来表达他的胸怀呢？这就与冰川风光特有的神韵和魅力有关了。

　　原来，大自然界赐予人类的美景是多种多样的，既有"杏花春雨江南"的秀丽妩媚，也有"骏马秋风塞上"的清旷高远，更有"冰河大漠边疆"的雄浑壮丽。下面，我们选择一些著名冰川作简要的介绍。

## 冰川王国

青藏高原、新疆、甘肃等西部地区是我国现代冰川最为集中的地方。几条著名的山脉，如喜马拉雅山、天山、阿尔泰山、昆仑山、唐古拉山等，都有冰川分布。蓝天下，阳光里，晶莹透明的冰川蜿蜒在高峰峻岭之间，映衬得山河壮丽、气象万千，令人心醉神驰。如果是在炎炎夏日里，你来到冰川边上，习习凉风立即使你遍体清凉，神清气爽。要是你在冬季寒天登临雪山，观赏冰川，映入你眼帘的是"山舞银蛇、原驰蜡象"的琼瑶世界。冰川以其罕有的雄壮奇丽吸引着无数游人。

西藏珠峰地区可以说是冰川王国，是喜马拉雅山脉冰川最集中的地区之一，共有大小冰川548条，面积达1976平方千米。 珠峰北坡的绒布冰川，全长22.2千米，宽9.4千米，是这里最大的冰川。由于该冰川发育于干旱的珠峰北坡地区，在大自然妙手的雕塑下，冰川末端形成了世界低纬度地区最美丽、最奇特的冰塔林自然景观：有的形似金字塔，有的似雨后生长的春笋，密布于地表；有的如同利剑，直插蓝天；有的却似长城，蜿蜒数里。有时冰塔融水，结成冰帘，下面是涓涓细流，汇成冰河，融水在冰下流淌，有如撞击钟磬，发出清脆悦耳的叮咚声；有时还可以看到几座冰桥、几丛冰蘑、几条冰桌、几只冰凳，依稀似进入童话世界。

## 我国离城市最近的冰川

位于天山中段的喀拉乌成山北坡的天山1号冰川（即乌鲁木齐河1号冰川）距离乌鲁木齐市123千米处，是乌鲁木齐河的源头，也是我国离城市最近的冰川。出乌市西行不远，便可望见悠然高耸的天山奇峰之间，仿佛一条巨大的玉龙正在蜿蜒爬行，又好像一道白色的幕帘直从天际挂下，在阳光下晶光闪耀，极为壮观；站在数百米之外，便觉寒气逼人。

# 格拉丹东冰川群风光壮美

格拉丹东冰川群位于青海格尔木唐古拉山，属于大陆型冰川。格拉丹东冰川的风光独特壮美，近年来吸引了不少科考人员和探险观光旅游者。这里有许多高达六七十米的冰塔，素盔银甲，直插蓝天，密布成林；有的像擎天玉柱，有的如摩天水晶楼，有的似宝剑出鞘，寒气森森；冰塔林中，还有高高耸立的冰柱，有玲珑剔透的冰笋，有形如彩虹的冰桥，有神秘莫测的冰洞，还有晶莹闪光的冰斗、冰舌、冰湖、冰沟……犹如神工鬼斧一般，简直是一座奇美无比的艺术长廊。

小朋友们，看了上面关于冰川的介绍，你们向往铁马冰河的壮丽风光吗？

## 小知识

### 中国西部的著名冰川分布情况

| 山脉 | 冰川名称 | 长度（千米） | 面积（平方千米） |
|---|---|---|---|
| 阿尔泰山 | 哈纳斯 | 10.8 | 30 |
| 天山 | 吐盖里奇 | 37.8 | 338 |
| | 西琼台兰 | 22.8 | 108 |
| | 托木尔 | 37.5 | 293 |
| | 南伊尔切克 | 61.1 | 574.4 |
| | 木扎尔特 | 29.0 | 131 |
| | 阿克达斯6号 | 14.0 | 32 |
| | 博格达 | 6.0 | 10.99 |

续表

| 山脉 | 冰川名称 | 长度（千米） | 面积（平方千米） |
|---|---|---|---|
| 祁连山 | 老虎沟 | 10.1 | 21.9 |
| | 敦德 | 6.2 | 57 |
| | 七一 | 3.5 | 3.04 |
| | 羊龙河5号 | 2.6 | 1.46 |
| | 水管河4号 | 2.2 | 1.86 |
| 帕米尔 | 喀拉亚伊拉克 | 19.1 | 183.5 |
| | 切尔干布拉克 | 9.6 | 24.0 |
| 昆仑山 | 玉龙 | 30.5 | 131.26 |
| | 多峰 | 27.8 | 230 |
| | 崇则 | 11 | 162 |
| | 克里亚 | 27 | 376 |
| 喀喇昆仑山 | 音苏盖提 | 41.5 | 329 |
| | 吕莫 | 41.5 | 584.1 |
| 羌塘高原 | 普若岗日1号 | 14 | 49.1 |
| 唐古拉山 | 姜根迪如 | 12.8 | 35 |
| 冈底斯山 | 呈瓦 | 8.4 | 20.01 |
| 念青唐古拉山 | 恰青 | 35.3 | 151.5 |
| | 阿扎 | 20 | 26.25 |
| 喜马拉雅山 | 绒布 | 22.2 | 87 |
| | 东绒布 | 14 | 48.45 |
| | 野博康加勒 | 13.5 | 57 |
| 横断山 | 海螺沟 | 14.5 | 28.9 |
| | 贡巴 | 11.8 | 28.7 |

转引自：冯天驷，中国地质旅游资源，地质出版社，1998

随着国家经济发展和交通条件的改善，原来"养在深闺人未识"的冰川奇景，越来越受到人们的青睐。冰川景观正在成为我国人民热爱的一种重要的自然景观，冰川的旅游和科学价值正在日益增长。下面介绍近年来"热"起来的我国四处冰川景观。

# 我国当前热门的四大冰川

## "白色的一片冰雪"

四川西部甘孜藏族自治州的海螺沟1号冰川位于海拔7556米的贡嘎山主峰东坡，属于海洋性冰川，特点是既发育了一整套典型的冰川地貌，又有现代冰川的各种景观可供观赏。"贡嘎"二字，在藏语中是"白色的一片冰雪"的意思。在海螺沟冰川，你可以看到角峰、刃脊、冰斗、冰川磨光面和擦痕以及冰蚀谷等冰川地貌，同时，1号冰川从源头（粒雪盆）到下游（冰舌）发育了冰瀑、冰桥、冰洞、冰蘑菇等众多的奇异景观。海螺沟的冰瀑高1080米，宽0.5～12千米，是我国最高大的冰川瀑布，也是世界最高大的冰瀑之一。海螺沟冰川森林公园，作为国家重点名胜区——贡嘎山风景名胜区的重要组成部分，将是我国21世纪最吸引人的旅游胜地。

铁马冰河入梦来

## 明永冰川

云南的明永冰川，位于梅里雪山主峰卡瓦格博脚下，经过漫长的地质时期形成的冰川，呈现在人们面前的是由扇形、台形、舌形三部分冰川组成的天然奇观。明永冰川，是我国运动速度最快的冰川之一，每年"流动"530米。落差近1000米，数百米宽的冰瀑，从云雾中倾泻而下，确有"银河落九天"的气势。　明永冰川风光的最大特点是茂密的树林和盛开的鲜花与广阔的冰雪世界交相融合，构成了一幅人间最壮丽，而又最旖旎的画卷；有人说，明永冰川是"最美丽的冰川"，看来不无道理。

## 卡惹拉冰川

卡惹拉冰川位于西藏拉萨通往日喀则的公路180千米处，很容易到达。冰川流淌在黑色的岩石上，形成强烈的反差，给人留下极为深刻的印象。当天际的乌云偶尔遮住灿烂的阳光的一刹那，浓重的阴影下也许你会发现卡惹拉冰川内在的神韵和魅

○新疆天山托市耳峰冰川

力。卡惹拉冰川拥有6647米的傲人海拔高度，卡鲁雪峰怀抱着它的母体——念金岗萨冰川，而念金岗萨冰川又是年楚河和羊卓雍湖的源头和分水岭。

## 透明梦柯冰川

甘肃敦煌以南大约100多千米处的透明梦柯冰川，是我国已开发的冰川中距铁路线、机场和国道最近的冰川，也是祁连山区最大的山谷冰川。透明梦柯冰川相对稳定，没有雪崩危害，安全性高，是普通旅游者容易到达、观赏的一处冰川。"透明梦柯"是蒙古语，意为高大宽广的大雪山。这里群峰连绵，高入云霄，终年白雪皑皑。千百年来，它仰望苍穹，凝视草原，安静地享受着孤独的滋味，而今，成群结队的旅游者带着欢歌笑语来到了这里。不过，每年七八月间，冰川融水，容易形成山洪，不能进山。

# 世界冰川旅游胜地

地球上有很多著名的冰川，风光瑰丽，引人入胜。小朋友们一定会问，世界上有哪些著名的冰川呢？

说起冰川，首先要提到的是南极大陆和格陵兰的冰川，因为这两处冰川占据了全球冰川的绝大部分（98%）。除此之外，世界各地还有不少冰川已经开辟成专门的冰川公园或者以冰川为主要景观的公园，每年有数以万计的旅游者前往观赏游览。

## 阿根廷的贝利托莫雷诺冰川

目前世界上最著名的单个冰川恐怕要数南美洲阿根廷的贝利托莫雷诺冰川了。在阿根廷境内发源于安第斯山脉的冰川共有13条，构成了阿根廷著名的莱西瑞斯冰川公园的主体。其中最著名最为壮观的就是贝利托莫雷诺冰川，该冰川高达70米，绵延30千米，总面积达257平方千米。冰舌前缘宽4千米，高约50米，算得上气势磅礴，雄伟壮观。不过，单就规模而言，莫雷诺冰川还不是老大，因为公园内的乌普萨拉冰川，面积上千平方千米，长60千米，高60～80米，冰舌前缘宽达8千米，地势平缓宽阔，冰原一望无际，气魄非凡；还有斯佩加西尼冰川的面积也超出了莫雷诺冰川。但是，莫雷诺冰川确是最为著名，原因是它周期性的大规模崩塌，并且人们还可以从陆地上近距离观看崩塌盛况。人们将莫雷诺冰川的崩塌看成是一种奇观。

## 阿尔卑斯山阿雷奇冰川

欧洲阿尔卑斯山是世界上另一个著名的冰川胜地，拥有多条冰川，其中阿雷奇冰川长度为23.3千米，面积达96.1平方千米，是全欧洲最长的冰川。阿雷奇冰川的景观相当壮丽，2001年已列入联合国世界自然遗产的名单。站在茫茫雪峰上，置身于晶莹的冰雪世界，感受欧洲最大的阿雷

○瑞士阿尔卑斯山冰川

奇冰川的森森寒气，确实是一次人生难得的经历。阿尔卑斯的冰川还有戈内冰川，面积57.9平方千米，长度12.9千米；都是阿尔卑斯山的冰川胜景。

## 冰岛的冰川

北欧的冰岛也是冰川发育的国家。冰岛的四大著名冰川可供游人观赏，即洼特纳冰川、米达冰川、郎格冰川和雪山冰川。洼特纳冰川位于冰岛东南部的霍思城附近，排名世界第三，是欧洲最大的。冰川面积8300平方千米，仅次于南极冰川和格陵兰冰川。在冰山湖上乘坐游艇观赏千姿百态的冰山是其特色。米达冰川位于冰岛南部，它以其各具特色的瀑布及邻近迷人的海滩风景而著名。郎格冰川特有的是熔岩瀑布，不过已经不再是冰川本身的景观，而是火山熔岩风光了；世界上流量最大的温泉——代乐达通加温泉也为郎格冰川增色。雪山冰川距离首都雷克雅未克只要三小时的车程。

## 美国的冰川国家公园

成立于1910年的美国的冰川国家公园占地4050公顷，区内发育有多处U型谷、冰川湖以及许多状似金字塔尖顶的角峰，是一处自然风光旅游和地学知识科普功能兼备的名胜。不久前，美国前总统克林顿写了一本书《我的一生》，里面说："世界上风景最美的地方就是冰川公园。"可见那里的冰川风光是多么诱人了。

○冰川遗迹

○阿尔卑斯雪峰

# 南极

## 和格陵兰

的冰川

南极大陆和格陵兰，是两块被巨大的大陆冰川所覆盖的土地。某种意义上说，冰雪世界的主宰就是大陆冰川。宽广的大陆冰川有很厚的冰体，在本身巨大的重量载荷下，从冰川中心不断呈放射状向外延伸扩展，面积不断加大，形成局部向外舌状伸出的，称之为冰帽。陆地上的冰川"流"入海洋，庞大的冰体崩坏成碎块落入海内，因冰体比海水略轻，冰体碎块就半浮半沉漂流在海上，形成冰山。小朋友们可能都知道著名的"泰坦尼克"号豪华游轮的沉船悲剧，就是游轮撞上了冰山酿成的。北极附近海面上的冰山大多呈尖塔状，是北极圈内各岛屿上的冰川滑落海内所造成；南极附近的冰山大多呈平顶桌状，是由覆盖在南极大陆的大冰层外缘部分逐渐塌陷，最后漂浮于海上所致。

# 南极大陆的冰盖

南极大陆95％的面积被冰雪所覆盖，或者说，南极大陆被巨大的冰盖覆盖着。南极冰盖是地球表面最大的大陆冰川。冰盖的厚度一般超过3000米，在相对低洼的谷地里发育了众多的冰川。据统计，南极大陆上共有244条冰川，其中位于东南极洲南纬70°～75°和东经60°～70°之间的大冰川——兰伯特冰川是世界上最大的冰川（有的科学家将费希尔冰川也算在内，称之为兰伯特——费希尔冰道）。 这条冰川充填在一条长度超过500千米、宽64千米、最大深度为2500米的巨大断陷谷地中。它以每年平均350米的"流动"速度流注入海，构成埃默里冰架。 南极洲有大小不等的陆缘冰架约300个。其中西南极洲的罗斯冰架和威德尔海湾的菲尔希纳冰架，是世界上最著名的冰架。罗斯冰架面积约54万平方千米，菲尔希纳冰架面积约40万平方千米。

## 冰天雪地的格陵兰

　　冰天雪地的格陵兰岛是个银色的世界，可是它英文名字的意思却是："绿色土地。"这里流传着一个故事：公元982年，有一个挪威海盗，一个人划着小船，从冰岛出发，远渡重洋，来到格陵兰岛的南部，发现了一块不到1平方千米的水草地，绿油油的，十分喜爱。回到家乡以后，他骄傲地对朋友们说："我平安地回来了，我发现了一块绿色的大陆！"于是格陵兰（GreenLand）便成为了它的名称。不过，后来真正了解了格陵兰岛，方才知道，挪威海盗看到的只是一个小小的角落。真实的情况是，这个面积达217.5万平方千米的世界第一大岛，全岛约4/5的土地位于北极圈内，全岛85％的地面覆盖着重重冰川与厚厚的冰层。

　　格陵兰岛的大部分冰川（中心厚度超过3000米）是上一个冰河时代的遗迹。它能够幸存至今的主要原因是全新世时期（从上一个冰川时代结束到现在）的气温一直未超过临界点（如果温度超过临界值，冰川因溶解、蒸发以及冰川进入海洋而损失的冰量就会超过降雪过程中积累的新冰量，冰川就退缩和减小）。 格陵兰冰川中，夸拉亚克冰川"流动"速度最快，每日可以"流动"20～24米。 南极大陆和格陵兰岛洁白晶莹的冰雪世界是目前地球上仅存的净土。小朋友们，请你们记住，我们应当尽最大的努力保护我们永远的净土。

## 小知识

规模巨大的冰架是南极特有的景观。南极大陆的冰盖，在重力作用下不断从大陆高处缓慢地向大陆边缘滑动，越接近大陆的边缘，冰层变薄，到了海边发生断裂，形成陡峭壁立的冰岸，或结成高大宽广的冰架（或称作陆缘冰）。所以，冰架实际上是南极冰盖向海洋中的延伸部分，这些冰架的平均厚度470多米，最大的冰架是罗斯冰架、菲尔希纳冰架、龙尼冰架和亚美利冰架。加上这些冰架，南极大陆面积可增加150万平方千米。 冰架遇到气候变暖等情况会发生崩解，倾入海洋中的大冰块形成冰山漂浮于海洋中。在南极附近海洋中漂浮的大大小小的冰山有 2万多座。一般冰山的主体沉没在海水中，只露出顶部的一小部分，所以我国有句成语叫"冰山一角"，就是用冰山比喻事物只暴露一点，大部分还隐藏在暗处的情况。

奇异的南极"绿洲"： 千里冰封的南极洲也有"绿洲"，说来令人难以置信，但又确有其事。1974年2月末，一架美国飞机在南极大陆的南印度洋沿岸上空飞行，突然，领航员班戈惊奇地发现飞机下面有一片无雪的土地，高高的冰墙围绕着山谷，像一个扇形的屏风。山谷中没有积雪的土地中间，分布着一些不冻的湖泊，给这个白色的冰雪高原带来无限生机。这就是南极洲有名的班戈绿洲。南极绿洲占南极洲面积的5%，包括干谷、湖泊、火山和山峰。按照这个定义，在南极可称作绿洲的有班戈绿洲、麦克默多绿洲和南极半岛绿洲。

# 地球上的固体水库

小朋友们都知道，水是地球上生命之源，没有水，就没有生命。对于人类来说，还必须是淡水，因此，人类对于淡水资源的关切不得不放在高于一切的位置上。

# 地球淡水资源大本营在哪里

地球上拥有的水资源不算少，地球表面的70.8％为水体所覆盖，但是人类最需要的淡水资源却极其有限。在全部水资源中，97.5％是咸水（主要是海水）；淡水资源只占2.5％；而且，在这些数量很少的淡水资源中，大约87％储藏在目前人类难以利用的两极冰盖、高山冰川和永冻地带的冰雪中。当前能够利用的淡水资源是江、河、湖泊以及地下水的一部分，仅占地球总水量的0.26％。可见，淡水资源是何等珍贵啊！

南极洲和格陵兰等地的冰盖冰川就像固体水库，储存着大量的淡水，是人类最大的淡水资源；其中南极冰盖蕴涵全球70％的淡水资源，人类为了取得足够的淡水满足需要，一个途径是设法解决海水淡化的科技难题，另一个途径就是想办法利用冰川的淡水资源。而且，冰川的水是千万年以前形成的，没有受到任何污染，水质极好。据说，1986年10月在日本东京召开第八届南极矿产资源会议时，日本国立极地研究所所长松田达郎先生就用南极冰水招待贵宾。来自世界各地的客人们饮后，全都赞不绝口。因为，南极冰水不仅清纯甘冽，而且它在杯内溶解时，随着冰晶体中气泡的溢出会发出清脆的响声，美妙悦耳。小朋友们，等你们长大了，也许有一天我们能喝上南极冰水，那该是多么惬意的事啊！

# 冰川可能融化

但是，冰川的融化又可能给人类带来灾害。地球气候的变化，特别是全球性的气候变暖，对冰川已经产生重大的影响。许多冰川学家反映，近年来两极、格陵兰以及其他许多地区的高山冰川都显现了不同程度的消融和退缩。

2002年美国宇航局的冰川学家利用激光高度计测量了南极洲6座冰川的厚度。结果表明，这些冰川正在以相当于20世纪90年代时两倍的速度消融，每年融化的体积为250立方千米；这些冰川消融成水，每年会造成海平面上升0.2毫米。有资料说，两极和格陵兰冰川的消融，可能会引起海平面年上升60米。这样，像荷兰和其他一些低海拔的地区可能会遭遇"灭顶之灾"。

真解渴啊！

从我国的冰川状况看，同样显现出冰川消融加快的趋势，有专家称：因气候变暖，我国冰川每年能够融出一条黄河。

然而，冰川的加速融化及退缩，不仅会引起海平面的上升，还会导致发源于冰川的河流水量的短缺，从而引发整个流域的"水资源危机"。以亚洲的喜马拉雅山区为例，喜马拉雅冰川是亚洲七条大河的源头，包括恒河、印度河、雅鲁藏布江、怒江、湄公河、长江和黄河，养育着印度大陆和中国的20多亿人口。冰川水源不断减退的明显后果是降低水力发电能力、严重影响工业、农业生产，并给人民日常生活带来困难。

遥远的冰川与我们的生活密切相关。 如果我们不注意保护包括冰川在内的自然环境，人类将会遭受大自然无情的惩罚。

# 后 记

  人类与创造了天地万物的地球相比微不足道。人类是大自然的产物，是大自然的孩子，人类的衣食住行、发明创造，无不来源于大自然。大自然包罗万象，给我们提供了丰富的物质资源；大自然不知疲倦地运动，给我们提供了多种能源；大自然奇妙的构建，给我们提供了睿智和创新的空间；大自然的美，给我们的艺术创作提供了无限的灵感……我们真的要感谢大自然。

  荣获诺贝尔奖的科学家们多数人在青少年时期都有过与大自然亲密接触的经历，许多人就是在这经历中产生了探索大自然奥秘的向往，并由此走上了科学研究的道路。希望读者朋友向他们学习，从小喜爱大自然，走进大自然，为将来进一步打开自然奥秘之门做好准备。

  这套丛书奉献给读者朋友的只是大自然奥秘的一小部分，希望读者朋友看完这套书以后对大自然产生浓厚的兴趣，萌生想要更深入地了解大自然、更密切地亲近大自然、与大自然友好相处的美丽愿望。

  凡·高说得好，如果一个人真的爱上自然，他就能到处发现美的东西。但愿读者朋友已经沉浸于自然之美！

  丛书在编写过程中得到了众多专家和朋友的帮助，他们提供了大量资料和精美的写真照片，个别图片作者姓名和地址不详，无法取得联系，在此也一并表示诚挚的谢意，恳请这些图片作者尽快与我们联系，以便作出妥善处理。

《奇妙的大自然丛书》编写组

2011年9月

**图书在版编目(CIP)数据**

奇妙的冰川峡谷/何永年著. —北京：科学普及出版社，2011.9(2013.7重印)
(奇妙的大自然丛书)
ISBN 978-7-110-07559-3

Ⅰ.①奇… Ⅱ.①何… Ⅲ.①冰川-少儿读物 ②峡谷-少儿读物
Ⅳ.①P343.6-49 ②P931.2-49

中国版本图书馆CIP数据核字(2011)第177044号

| | |
|---|---|
| 出 版 人 | 苏　青 |
| 策划编辑 | 徐扬科 |
| 责任编辑 | 金　陵　林　然 |
| 责任校对 | 韩　玲 |
| 责任印制 | 李春利 |
| 封面设计 | 耕者设计工作室 |
| 版式设计 | 部落艺族 |
| 图片制作 | 宋海东工作室 |

| | |
|---|---|
| 出版发行 | 科学普及出版社 |
| 地　　址 | 北京市海淀区中关村南大街16号 |
| 邮　　编 | 100081 |
| 发行电话 | 010-62103349 |
| 传　　真 | 010-62103109 |
| 投稿电话 | 010-62103314 |
| 网　　址 | http://www.cspbooks.com.cn |

| | |
|---|---|
| 开　　本 | 787毫米×1092毫米　1/16 |
| 字　　数 | 150千字 |
| 印　　张 | 9 |
| 印　　数 | 10000—15000册 |
| 版　　次 | 2012年1月第1版 |
| 印　　次 | 2013年7月第3次印刷 |
| 印　　刷 | 北京凯鑫彩色印刷有限公司 |

| | |
|---|---|
| 书　　号 | ISBN 978-7-110-07559-3/P・87 |
| 定　　价 | 25.00元 |